珈琲焙煎の書

# 烘豆學

## 40年烘豆心得報告書

喚醒生豆中沈睡的醉人香氣

ROASTER
FOR
COFFEE BEAN

小野善造

# 前言

正好在執筆本書的當下，我時常遠赴中國出差，當時身兼3項顧問工作，包括中國家電製造廠商委託我研發咖啡口味與設計咖啡機，還有到上海拓展學生所經營的咖啡廳事業，此外在同一時間還與廣州當地的咖啡廳洽談生意。

我在廣州品嚐了日本人氣外資咖啡廳的一般咖啡後，驚為天人，因為廣州這裡的咖啡明顯比日本好喝太多。上海最近興起許多第三波咖啡（Third Wave of Coffee）的咖啡廳，平均來說，咖啡風味的層次都遠勝於日本。廣州屬於各國咖啡廳進出的激戰地區，其中一家Rumor's Coffee（註）一直忠實遵守我的指導，如今在上海已成為名氣最響亮的咖啡廳。我對於他們認真進取的態度，著實感到佩服，同時也體知到自己的烘焙技術備受認同，由衷覺得欣慰。此外，由我協助研發的膠囊式咖啡機為了達到媲美手沖式咖啡的味道，設計成可視咖啡種類自動設定水溫、壓力、萃取時間。且經我負責指導如何烘焙咖啡豆以及設定咖啡機之後，使得膠囊式咖啡機也能萃取出與手沖式咖啡不相上下的美味咖啡了。這群工作團隊歷經了5年的努力，終於得以成功完成這項任務。光憑這一點，著實令我體認到對於咖啡風味，中國人比日本人更為講究。

類似這樣的案例，並不僅限在於咖啡業界。日本所有的企業，似乎都忘了事業的本質，汲汲營營於利益的結果，導致衰退的下場。

當初我會投入烘焙咖啡教學工作，起因於經營自家咖啡烘焙店的友人「希望我能教他咖啡烘焙的技巧」。在那之前，我為了幫助後進學習咖啡烘焙的知識，早早就在部落格發表咖啡烘焙相關文章，後來在3名讀者的要求之下，才於輕井澤的店裡舉行了第一次的咖啡烘焙教學。自此以後，不時有人前來請我指導如何烘焙咖啡，每次我都會直接親臨現場，讓他們透過慣用的烘焙機實際操作。歷經約莫2年的咖啡烘焙教學後，我終於了解許多自家烘焙的店家無法順利烘焙咖啡的問題點在哪裡了。

我在指導咖啡行家烘焙咖啡的這段期間，認識了坂本先生。他在東京的町田市擁有一家自家咖啡烘焙店，名叫「KOGECHA家」，現在是家烘焙技巧精湛且備受熟客支持，已在當地紮下根基的人氣店家，甚至於百貨公司舉辦活動時也常會邀請設攤，或許有些人並不陌生。當時坂本先生對於咖啡烘焙也是備感困擾，但是他還是非常有毅力地投入咖啡烘焙的世界裡，期望做到最頂尖。某日，坂本先生跟我說：「你可不可以來指導今後計畫開設自家咖啡烘焙店的人，以免他們像我這樣為咖啡烘焙困擾多年？」聽他這麼一說，換我開始煩惱了，就在他這句話的影響下，我決定嘗試舉辦咖啡烘焙教室，希望我的咖啡烘焙技術可以幫助到某些人。KOGECHA家這家店位在東京的町田市，從各地區前往的交通方式都十分便捷，因此我借用了他們的烘焙室，自2008年7月起，以每月一次的頻率提供咖啡烘焙的教學。當初我的構想是透過小班制進行紮實的教學，所以每堂課僅限5～6名學員，而且只透過我的部落格悄悄募集，沒想到如今學員人次上看80名，學成畢業後自行開店的畢業生約達50名。畢業生當中有人事業大獲成功，有人一步一腳印地經營著，但是很遺憾的是，也有人仍在苦戰當中。另外沒有開店的畢業生，由於各自有各自的想法與經營方針，因此我也會在不打擾對方的情形下，由我或是資深的畢業生與他們交流諮詢或提供指導，在背後予以支持。

當時有位部落格的讀者在出版社工作，他邀請我執筆自家咖啡烘焙的書籍，於是我在2008年出版了第一本著作《終極自家烘焙術（究極の自家焙煎術）》。現在這本書已經銷售一空，僅剩電子書仍有販售，聽聞渴望閱讀紙本書籍的讀者，其至加價購買了二手書籍。在《終極自家烘焙術》這本書中已經相當詳盡地記述了咖啡烘焙理論，不過割愛了少部分專業知識，以免造成一般讀者難以理解。這次為了提供所有的咖啡愛好者作為參考，我毫不猶豫地將我所知道的咖啡烘焙知識全部寫了下來，以求能培育出更多的咖啡烘焙專家。希望本書能為志在咖啡烘焙的讀者有所助益。

（註）引用自我所開設的咖啡店KAWAN RUMOR一名，具有姐妹店之意（參閱P19，作者註）。

Contents

## 三 咖啡烘焙的準備工作



## 四 咖啡烘焙的基本作法

# 五 終極的完全烘焙

# 六 咖啡的萃取

# 七 咖啡的基礎知識



# 八 自家咖啡烘焙店的設立

# 一

# 何謂咖啡烘焙

本章節將為各位讀者說明我個人對於咖啡烘焙的基本想法，順便做一下自我介紹。

# Ⅰ
# 咖啡烘焙的意義

何謂咖啡烘焙呢？歐洲地區的甜點師傅會利用咖啡烘焙機烘焙可可豆，將巧克力製作出來。之前我製造過一台熱風式烘焙機，曾有一家企業對這台烘焙機很感興趣，並且嘗試用來烘焙茶葉及堅果，這些食物皆有其最適當的烘焙溫度及時間，再再令我受益。大辭泉（小學館出版）一書中曾寫道：「樹葉及咖啡需經烘焙」，誠如上述文字所言，烘焙原本就是極其日常之事，使用家中現有的平底鍋即可完成。最近也有業者販售廉價的電氣式烘焙機等設備，更有許多人都是業餘的咖啡烘焙愛好者。

事實上，咖啡烘焙這件事輕而易舉，任誰都做得到，只是要將烘焙咖啡作為商品販售，或是在咖啡廳裡提供烘焙好的咖啡豆時，那又得另當別論了。畢竟在個人興趣下烘焙好的咖啡豆只要自己滿意即可，但要當成一門生意的話，就必須花時間學習身為咖啡專家必備的卓越技巧，並且精通咖啡知識才行。然而現實中卻有許多人僅在短時間內學習如何烘焙咖啡，接著便以一身粗淺的咖啡烘焙技術與偏頗的咖啡知識開設了咖啡店。事實上，以這等程度的技巧開店後，不出1～2年便關門大吉的大有人在。

不過老實說，即便如此，其中還是有一些咖啡店生意興隆。因為這些店都有著類似外資咖啡廳的店面設計、形象，也會提供咖啡之外的餐點，更具備銷售及宣傳技巧等等，並非以咖啡的風味來吸引客人上門，而是透過其他手法攬客。

話雖如此，若是像外資咖啡廳這樣，選擇將咖啡烘焙視為單純的商業手段之一的話，即便生意做成功了，我覺得那也是件很可悲的事情。或許在做生意方面算得上成功，但只要是輕視了咖啡的價值，咖啡烘焙便失去它存在的意義了。

咖啡烘焙這道工序，是為了成就更美味的咖啡。這點與料理以及酒等所有飲品食物都是相同道理，這也是經手之人最應該重視的一點。日日努力周而復始地烘焙咖啡，讓喝下這杯咖啡的客人能夠「靜心品嚐」，這樣才算是完成了咖啡這門生意。首先必須要有美味的咖啡豆，再加上其他伴隨咖啡而來的魅力，唯有如此，才能展現你所開設的這家咖啡廳其存在價值。

簡而言之，做生意想要成功的話，萬萬不可缺少「商品價值」與「銷售能力」這二個環節。

欠缺其中一環，是無法完成一門生意的。

# II 獻給志在成為咖啡烘焙專家的你

目前市面上出現了許多自家咖啡烘焙店，但也有許多店家關門大吉。這和其他飲食業界一樣，自家咖啡烘焙店在日本已呈飽和狀態，想要生存下來，就得持續面臨激烈的競爭。老實說，不出1年便收起來的店家一點都不罕見。某些店家在網購方面做得十分成功，但是未來市場將逐漸飽和，日後競爭想必會比現在更為白熱化。

對於目前在從事咖啡烘焙的人，以及今後志在烘焙咖啡的人，我希望你們都要秉持一個信念。我們皆自詡為咖啡專家，我們熱愛咖啡，因此必須將咖啡的美味及美好推廣至全世界，我們都有責任為咖啡文化做出貢獻。我們應以咖啡烘焙專家一姿，真摯地正視咖啡，且絕不妥協，而且必須日日精進，終生學習。

接著先向各位讀者說聲抱歉，遲遲未向各位打聲招呼，現在將為大家簡單說明我自咖啡店開業至今這40個年頭的人生歷程，順便自我介紹。

我出生於德島，後來沒多久便舉家搬遷至長崎，19歲之前都住在長崎這裡。我的老家從事霰（ARARE）以及粔籹（OKOSHI）等仙貝米菓的製造。製作霰的時候，原料須經由乾燥機乾燥一整晚，隔天再油炸。我的父母曾經跟我說過，乾燥這段製程最為棘手，這點我至今難忘。回想起來，我投入咖啡烘焙的起因，或許就從這裡開始。這段往事容我從頭說起。我從小一直認為自己總有一天要繼承家業，但是父母卻跟我說：「現在這個社會未來會變得十分競爭，你還是不要繼承家業比較好。」我在高中的朋友大部分都去上大學了，但是我討厭與別人走一樣的路，於是開始天馬行空地想著，「（既然不要繼承家業）我想做些只有自己能做的事情，接著創業！」後來，我逐漸興起強烈的想法：「既然要創業的話，我想為人生增添趣味，我希望與其他人接觸，讓人生過得更有人情味。」

總而言之，後來我進入大阪的餐飲學校學習法國料理。想當然爾，既然都決定要走餐廳業了，便興致勃勃地志在成為日本第一的法國料理大廚。

沒想到在大阪的第一個暑假結束當天，我在友人帶領下走進自家烘焙的咖啡專賣店喝了一杯咖啡後，從此便完全被折服了。綜合咖啡均衡的深奧風味，曼特寧的甘苦味，摩卡的果香味，再再令我感到不可思議。當下，我便確定自己的目標為何了，因此立刻進入這家正在推展連鎖店的公司工作，就連學校也輟學了。但我實在過於魯莽，居然在面試時冒然提出想要烘焙咖啡的要求，當然對方並不可能接受，後來我暫時被安排到店面實習。

到目前為止一切還算順利，後來開始工作不到1年，我的父母突然來到大阪。令我意想不到的是，他們居然將長崎的家給賣了，還說要在大阪經營咖啡廳。接下來已經進展到尋找店面的階段。明知道剛從鄉下出來的素人做生意絕對會失敗，但是已經沒有回頭路了。無計可施之下，我只好與他們一起開始經營起這家店。

於是在1976年的10月27日，於大阪市北區開設了「自家咖啡烘焙店KAWAN RUMOR」。今年正好開業整整40個年頭，而我當時決意追求咖啡烘焙真髓的決心，至今仍未有改變。話說KAWAN RUMOR這個店名的由來，是取自因蘇門答臘曼特寧而聞名的印尼馬來語（KAWAN意指朋友，RUMOR意指家）命名而成的獨創店名。因為我和家人討論過，希望能永遠將曾經來店光顧的客人當作朋友一樣真誠對待，於是才會以此命名。雖然這家店換過幾個地方營業，但是這二點初心從未改變。

回歸正題，當初這家店是由我父親擔任老闆，父母及兩位姐姐，再加上我一家5口共同為客人服務，不過沒有經驗的父親自然不善經營。即便如此，那段期間我仍靜觀其變。半年後，不出我所料，我面臨從父親手中接棒的困境，變成由我主導重新經營。於是我停用了過去一直自知名自家咖啡烘焙店進貨的模式，開始自己著手烘焙咖啡豆。並分析來店顧客的需求，還增加了早餐服務、飲品及餐點的種類，努力讓這家店變成吸引客人光顧的咖啡廳。結果生意順利重回軌道，5年後甚至開了第二家店。雖然咖啡廳經營的相當順利，但是從當時開始我便一直懷抱著一個夢想：「總有一天我要烘焙出最好喝的咖啡，讓更多客人品嚐」。於是我從第10年起，開始用文字處理機製作傳單，並在開店後到附近分發，投入咖啡豆的宅配服務。起初雖然只有幾張訂單，但是每當我騎著自行車外出宅配後，回程都會持續分發300張傳單，陸陸續續宅配訂單也愈來愈有起色了。雖然我的咖啡豆價格比起一般辦公室喝的咖啡貴，但我還是開始收到了包含法律事務所、律師事務所、設計師工作室、關西機場的建築事務所，以及造幣局等地方的訂單。經過約莫2年之後，銷售量甚至超過了300公斤，當時我毅然決然做出決定，我將一家店收起來，另一家轉手給想要經營的人，然後在兵庫縣的芦屋蓋了自宅兼作咖啡烘焙場所，舉家搬到芦屋居住。我在這個地方生意依舊進展的非常順利，在那5年後，我為了尋找更為閑靜的環境，搬到了奈良，不過在眾多顧客的愛護之下，生意依舊持續成長。

後來我在40歲這個人生中繼站，決定再搬一次家，於輕井澤落地生根。我會選擇輕井澤的原因，是因為我希望剩下一半的歲月可以悠然度過，也想讓父母在大自然中長命百歲，而且這裡臨近滑雪場，能讓我盡情享受滑雪嗜好，種種條件皆符合之下，最重要的還是這種寧靜的環境才最適合烘焙出最美味的咖啡，而且這裡也是很適合保存咖啡生豆的理想之地。即便如此，畢竟遠離大多數顧客所位在的關西，搬到輕井澤這裡來，對我來說還是前所未有的人生豪賭。畢竟若是失去了過去願意光顧的客人訂購咖啡豆，我的生活真的會過不下去。不過我相信自己的咖啡豆所擁有的力量，所幸客人仍繼續購買我的咖啡豆。除了靠輕井澤的知名度之外，也得到了當地客人的支持，不知不覺間，還開始將咖啡批發至眾多咖啡廳，如今KAWAN RUMOR已在這片土地牢穩地紮下根基了。

## III

# 由我奠定的咖啡烘焙理論

容我重申，我在自家咖啡烘焙店歷經約莫一年的磨練之後，才開設了咖啡專賣店。開店當初曾經使用了友人所開設，具知名度的自家咖啡烘焙店所烘焙的咖啡豆，但老實說，我總是不滿意這些咖啡豆的風味。原本我在那家店學習咖啡烘焙技術，並預定在1年後著手自家烘焙，不過在深思熟慮下，幾個月後便決定單憑一己之力從頭開始烘焙咖啡豆了。

當時自家咖啡烘焙店相對稀少，咖啡烘焙方式也是完全因人而異。即便買來咖啡烘焙相關書籍參閱，但是書中對於咖啡烘焙方式的說明仍缺少了紮實的理論，因此對我而言，有關咖啡烘焙的操作步驟，並沒有可作為基準的參考依據。咖啡的烘焙不同於料理文化，缺少可供追溯的史料，當時完全就像黑箱作業一般。既然如此，與其做錯了再向別人請教，我決定不惜時間，也要單憑一己之力學習正確的咖啡烘焙技術。

起初我完全是在摸索的狀態下，投入始咖啡的烘焙。首先我嘗試將調整排氣量的風門（參閱p82）固定不動，烘焙時也維持相同的火力。由此得到的結論是，即便烘焙條件相同，也會因不同的烘焙時間導致咖啡豆風味完全不同。當時我發現，烘焙時間短會殘留許多不好的味道，烘焙時間過長又會造成咖啡豆平淡無味。

一開始我所購買的是1公斤烘焙量的直火式烘焙機（參閱p38），因此現在回想起來，理所當然只能體驗到這等程度的心得。如今仔細一想，才了解由於排氣力道弱，所以一旦深度烘焙，便容易有少許廢氣無法排出，因而形成沈重的燻臭味。

後來我開了第2家店，隨著銷售量的增加，幾年後我購入了3公斤烘焙量的直火式烘焙機。雖說有3公斤的烘焙量，但是實際烘焙之後發現，2．5公斤左右的投入量才能烘焙出最平衡的風味，因此直到我對自己的烘焙技術充滿自信之前，在那10年期間生豆的投入量經常固定在2．5公斤。這台3公斤烘焙量的直火式烘焙機我使用了25年之久，我認為現在已經可以確定如何操縱這台烘焙機來烘焙咖啡豆了。使用這台烘焙機時，第一件令我恍然大悟的事情，就是控制在某一個固定的火力下，稍微調整風門量測升溫率時，風門開關過度都會對溫度上升情形造成影響，將風門調整至適當位置時，溫度上升率才會變高。也就是說，風門調整至這個位置才能達到最佳的熱效率。這點即為我現在所提出的正確位置（參閱p65）此一基本概念。另外我還領悟到一點，那就是當生豆溫度達到130度左右之後，咖啡豆內部就會達到100度，於是水分會開始蒸發，溫度上升情形也會趨於和緩。接著在1爆（參閱p28）時，當風門一打開後熱量就會暫時進入，升溫率便會攀升，之後隨著咖啡豆爆裂後水分被釋放出來，升溫率又會暫時下降。

後來我買了一台10公斤烘焙量的直火式烘焙機，會買下這台烘焙機實屬偶然，不過由於這台烘焙機的熱循環佳且排氣量平均，因此在烘焙5公斤~8公斤的咖啡豆時非常容易操縱。在這之前我使用過3台烘焙機，這3台的烘焙特性天差地別，每台烘焙機烘焙出來的咖啡豆皆截然不同，令我十分驚訝。

在此同時，比起烘焙技術，其實更令我困擾的是烘焙機本身會帶給咖啡風味莫大影響這個問題。

接下來我購入了30公斤烘焙量的熱風式烘焙機。在這之前我一直使用的皆為直火式烘焙機，只不過感覺直火式烘焙機總有它的極限，所以十分想嘗試使用熱風式烘焙機來烘焙看看。但是突然要實際操縱時，才發現著實棘手。因為熱風式烘焙機的排氣馬達力道強勁，因此若依照我平時的烘焙時間，烘焙程度往往都過頭了。即便如此，烘焙好的咖啡豆看起來還是十分上相且飽滿，可是咖啡豆的深度、醇厚度、甘味，以及風味等細緻層面（咖啡具有的纖細風味）卻完全展現不出來。此時我才知道，原來這就是坊間流傳「熱風式烘焙機烘焙出來的咖啡很難喝」所說的意思。由於依照原本設計的規格排氣量會過強，所以我安裝了變頻器（藉由改變頻率以調整排氣量大小的裝置）與輔助風門來調整氣流量的大小，反覆測試之後，現在已經可以像直火式烘焙機一樣，烘焙出具深度及醇厚度的咖啡豆了。此外，過去無法由直火式烘焙機表現出來的風味細節，也都能鮮明地浮現出來了。

最後，我仔細檢證過去的經驗，包含眾多的烘焙指導意見，終於釐清了幾個觀念，這也構成了我現下烘焙方法的基礎。

1 氣流量大小適當的話，就能烘焙出均衡理想的咖啡豆。
2 任何一台烘焙機都需要差不多的烘焙時間（註①）。
3 烘焙咖啡豆的熱源共有對流熱、輻射熱、傳導熱，每一種熱源對於咖啡豆的影響各異。
4 無論是熱風式烘焙機或是直火式烘焙機，都能烘焙出風味相同的咖啡豆。
5 以熱風式烘焙機烘焙咖啡豆最為理想。

事實上我花了20年的歲月，最終才得以大抵確立我目前的烘焙方法。接著更在執筆本書之時，花費2年時間進行理論性的驗證。市面上可看見不少咖啡烘焙書籍，但是絕大多數皆缺乏理論性的根據，單純在記述個人的經驗談。因此，每一個人的烘焙理論往往各成一套。

現在送各位讀者一句話，取自彼得・杜拉克著作的某一段落，這句話詮釋了古代希臘哲學家柏拉圖的思想。假使各位也想談論如何烘焙咖啡的話，應將這句話銘記於心：「沒有理論根據的經驗只是談天，沒有經驗根據的理論則是謬論」。

審定註①：這是以作者習慣的烘焙手法與風味表現為前提。

## 參考資料　咖啡烘焙機的機能

接著為大家介紹一般瓦斯式咖啡烘焙機的機能。若有讀者並不十分熟悉商業用的咖啡烘焙機，請在閱讀本書的同時作為參考。

●風門（第五章p82～、第一～五章全文）

烘焙時用來調整氣流量，類似閥門的裝置。與調整排氣量的道理相同，風門也與溫度的調整息息相關。本書將詳細解說，在烘焙的操作過程中十分重要。

●冷卻機（冷卻槽）

即便停止加熱，存在於咖啡豆內部的熱量也會在一段時間內持續進行烘焙。所以這個裝置可讓咖啡豆從滾筒烘焙室倒出之後，啟動抽風扇加以冷卻，以停止溫度上升。

●瓦斯壓力錶

使用瓦斯式咖啡烘焙機時，通常會裝設此裝置以調整火力。

●溫度計

這個裝置是用來掌握烘焙過程中的豆溫，會顯示烘焙期間滾筒烘焙室內的溫度。

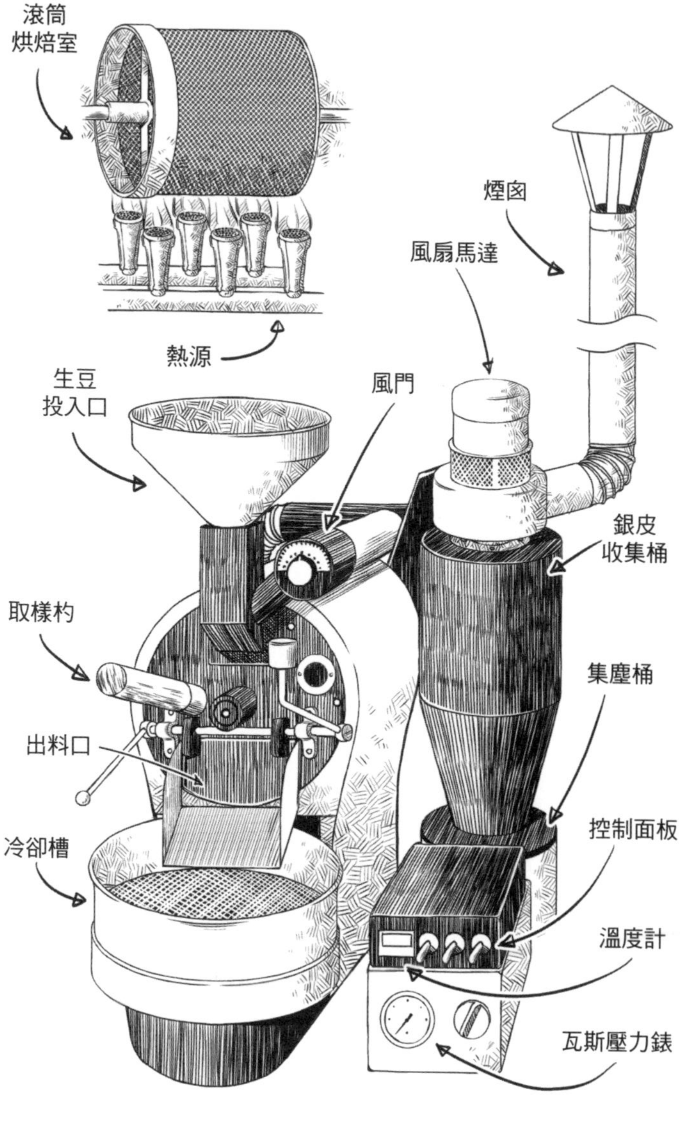
滾筒
烘焙室
熱源
生豆
投入口
風門
煙囪
風扇馬達
銀皮
收集桶
取樣杓
出料口
集塵桶
冷卻槽
控制面板
溫度計
瓦斯壓力錶

●滾筒烘焙室

多為圓筒狀的烘焙室，倒入生豆後用來烘焙的部位，有些會有穿孔，有些則無。

●取樣杓

會呈現插入滾筒烘焙室的狀態，拔出後類似鏟子的部分會盛裝一些正在烘焙中的咖啡豆，用來確認咖啡豆在烘焙期間的狀態。

●銀皮收集桶

收集烘焙時剝落下來的粉屑（銀皮）之裝置。集塵機（主要出現於第五章）。

●爆裂

也會簡稱作「爆」。咖啡豆在烘焙期間逐漸加熱、乾燥時會愈來愈膨脹，並產生化學反應，接著會形成構成風味的成分，同時也會產生水蒸氣及二氧化碳等揮發成分。最後當這些蒸氣（氣體）承受不了內部壓力，且達到差不多固定的溫度後，就會發出啪戚啪戚的聲響，同時咖啡豆的組織也會逐漸受到破壞（1爆）。接下來，聲響會暫時平靜一些，但是咖啡豆會持續膨脹，並伴隨煙霧，發出霹戚霹戚霹戚的短暫聲響，然後咖啡豆的細胞會在加熱之下逐漸損壞（2爆）。

# 二

# 咖啡烘焙的本質

咖啡烘焙是為了沖泡出美味的咖啡。接下來將從時間、火力、烘焙方式這幾個部分來詳細解說。

# I 咖啡具備的七種味道

咖啡會依據咖啡生豆的烘焙過程，產生獨具的誘人風味。究竟咖啡風味具有哪些魅力呢？用來表現咖啡時會使用到的文字，大致上可分成七種，諸如香氣、苦味、酸味、甘味、甜味、醇厚度以及餘味（留在口中的餘韻）。這些文字不只用來形容咖啡，也常用來表現紅酒及威士忌等酒類。我常形容咖啡就像「不會醉人的酒」，因為將酒與咖啡視為嗜好飲品時，會具有許多的共同點。

咖啡推測就是由這七種味道混合而成，十分複雜。

**【味道表現範例】**

酸味有輕淡的酸味、濃烈的酸味、圓潤的酸味、尖銳的酸味。還有甜味、甘味、濃烈的醇厚度、飽滿的醇厚度、清爽的苦味、柔和的苦味、強烈的苦味。

＊這些文字十分關鍵，可用來表現各種咖啡風味是否優質。

【風味表現範例】

柔順花香、果香、覆盆子香、檸檬香、西瓜香、哈蜜瓜香、堅果香、可可香、肉桂香、蜂蜜香、楓糖香、砂糖香、焦糖香、葡萄乾香、芒果香等等。

## II 咖啡烘焙的注意事項

市面上有許多自家咖啡烘焙店，各自為了端出美味的咖啡，在烘焙時無不費盡思量，但是歷經千辛萬苦卻總是很難實現理想中的味道。究竟如何才能煮出一杯好喝的咖啡呢？此時首先必須思考烘焙時應注意哪些重點。

咖啡的生豆正如其名，即為咖啡樹所結成的果實種子。果實的形狀與櫻桃十分相似，故有咖啡櫻桃之稱號。因此咖啡豆就是將採收後的咖啡櫻桃精製而成。

咖啡生豆直接食用僅有生腥味，但是經過烘焙之後將引發熱化學反應，所以會變成如同各位所熟知的美味茶褐色咖啡豆。藉由將咖啡生豆加熱的過程，生豆當中的成分會發生熱化學反應，因而產生全新的成分。咖啡風味的主要成分屬於揮發成分，目前尚不清楚其數量多寡，但是已知達數百種類。烘焙的目的，就是為了將這些揮發成分充分釋放出來，經由烘焙的過程，將揮發成分變化成咖啡特有的香氣、酸味、甘味、甜味、醇厚度、芬芳，但是咖啡豆在結束熱化學反應之前，則會感覺到生腥味、澀味、雜味、嗆味。咖啡豆在完成熱化學反應後，就能去除這些不需要的成分，因此能使人感受到咖啡原本的美味風味。於是我將這段過程稱作「完全烘焙」。

完全烘焙的狀態，代表熱化學反應正常且完全結束，生豆不佳的成分可說幾乎完全於熱化學反應中消滅，並且轉變成美味的成分。反觀不完全烘焙的情形，熱化學反應並不正常或是尚未完全結束，於是會感覺到上述這些生豆所具有的不佳成分。

咖啡在熱化學反應不正常的狀態下，萃取出來後會具有怪異的味道，出現諸如毫無醇厚度、香氣淡薄、酸味生硬、甘味稀少、風味無法展現、水色混濁等特徵，於是會殘留生臭味、澀味、雜味、嗆味等味道。唯有透過完全烘焙，才能像這樣將各種咖啡具有的原始風味及香氣釋放出來。

咖啡豆經烘焙後再萃取出來的味道，大致上可分成下述3種。所謂的味道，說得極端一點，就是「好喝的咖啡」與「不好喝的咖啡」，還有「難喝的咖啡」。即便烘焙的是同一種咖啡生豆，也會因操作的人不同而分成這3種味道。可說優質咖啡豆的命運好壞，全憑烘焙技巧。

有時也會有人針對「咖啡的味道究竟取決於生豆品質或烘焙過程」這個議題進行爭論。雖然每個人各有各的想法是件好事，但是我認為追根究底來說，爭論生豆品質重要或是烘焙過程重要這個問題本身就有問題了。

若你志在自家烘焙，當然會使用優質的生豆，但是無論生豆如何優質，烘焙技巧不純熟的話，根本沒必要再討論下去。

我認為，生豆與烘焙是相輔相乘的關係。假設世上好喝的咖啡為100分的話，當生豆品質為滿分的10分，且烘焙也達到滿分的10分時，二者相乘後就會達到100分。

而且我為好喝的咖啡設定了界限值，總之就是生豆品質為8分，烘焙為7分，或是生豆品質為7分，烘焙為8分，總分須達56分以上。因為一旦生豆的品質不良，便無法靠烘焙技術加以彌補；當烘焙技術本身不佳的話，無論多麼優質的咖啡豆也煮不出好喝的咖啡來。我一開始出版的書籍當中寫道，好喝的咖啡標準為7分乘以7分，總分須達49分，但是現在競爭愈來愈激烈，我們只能尋求更為美味的咖啡，因此我在生豆品質或烘焙技巧二者擇一多加了1分，將總分設定成了56分。

# III 咖啡烘焙時間的差異與特徵

咖啡業界所盛行的烘焙方式五花八門。以瓦斯式咖啡烘焙機為例，烘焙時間也會因人而異，完成後的咖啡風味更是截然不同。適當的烘焙時間，只能委由每位咖啡烘焙專家作選擇，最後才能成就一杯美味的咖啡。

1 **短時間烘焙**……烘焙時會增加排氣及火力。1爆以大約11分開始為參考依據。1爆開始後，溫度上升10℃左右（烘焙時間總計13分左右）之後便會結束。味道傾向幾乎以酸味為主，在酸味當中可以感覺到咖啡的特性與香氣。有時因不同的烘焙方式與烘焙機的機型會出現澀味及雜味，因此必須細心留意。烘焙的重點非常簡單，但是每次要重現相同風味卻十分困難，因為有些時候會出現熱量不足的現象。再者短時間烘焙時咖啡風味劣化速度快，這點也是最大的問題點所在，所以這種烘焙方法僅限於淺烘焙。

2　**一般烘焙**……採用這種烘焙方法時，排氣須設定得稍微強一些，火力也需要大一點，約14分才會到達1爆，約17分才會到達2爆。由於每台烘焙機都有個別差異，因此烘焙方法及時間也會因人而異。即便在深烘焙後，味道還是會傾向殘留酸味；若為淺烘焙時，則須細心留意酸味殘留的程度以及澀味、雜味的處理等等。烘焙的重點非常簡單，但是每次要重現相同風味卻十分困難。此外咖啡豆風味的劣化速度會比短時間烘焙延遲。

3　**長時間烘焙**……這種烘焙方法正是我在實踐的完全烘焙，先花12分鐘進行預備烘焙，接下來的1分鐘保持4～5℃的溫度上升，並在17～18分時進行1爆，在23分鐘左右達到2爆。利用這種烘焙方法必須透過風門正確調整內部負壓。淺烘焙時可明顯展現出優異的酸味與咖啡的特性，以及風味的細緻層面，此外隨著深烘焙的進展，會出現甜味、醇厚度、苦味，從淺烘焙至深烘焙這整段過程，可突顯出咖啡豆的個性。經完全烘焙的咖啡（豆），不但可穩定地重現風味，也不會出現澀味及雜味，味道劣化速度極為緩慢，十分適合保存。我認為咖啡的烘焙，就是找出這種咖啡最耀眼的優點。因此完全烘焙是最適當的烘焙方法，可從淺烘焙至深烘焙這整段過程表現出最佳品質。

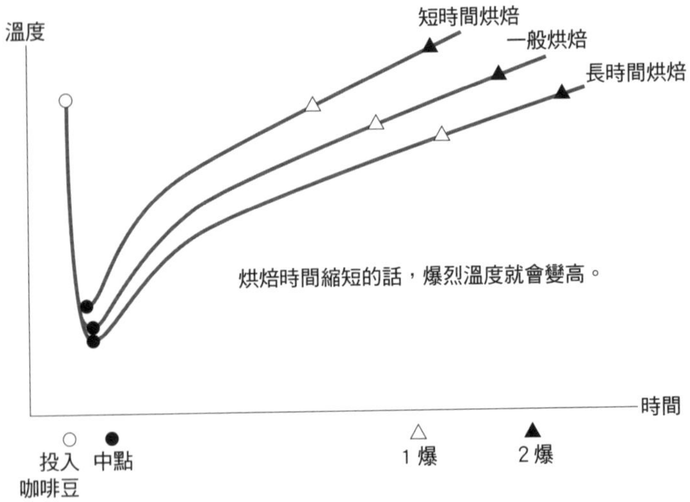


上述圖表說明在不同的烘焙方法下，其爆裂溫度與時間的差異。

# VI 瓦斯式咖啡烘焙機的三種熱源

烘焙是提供咖啡豆熱量，以促使熱化學反應的過程，這種熱化學反應，基本上會藉由對流熱、輻射熱、傳導熱這3種熱源來進行。

**1 對流熱**

對流熱是將高溫的熱風送進滾筒烘焙室內，藉此提供咖啡豆熱量。高溫的熱風不會使咖啡豆表面燒焦，並可有效率地使熱量直達豆芯。

對流熱範例：使用柴火的比薩窯烤爐

**2 輻射熱**

輻射熱是透過滾筒烘焙室先行吸收熱量後，再將熱量提供給咖啡豆。輻射熱會大幅作用於咖啡豆表面，因此熱量過強時表面會燒焦。

輻射熱範例：烤箱

### 3 傳導熱

傳導熱是讓咖啡豆接觸已加熱的滾筒烘焙室，使熱量傳遞至咖啡豆上。熱量會大幅作用於咖啡豆表面，當滾筒烘焙室在高溫的狀態下，咖啡豆表面會燒焦。

傳導熱範例：平底鍋

# V 咖啡烘焙機的種類與特性

瓦斯式的烘焙機視烘焙方式可分成直火式、半熱風式、熱風式這3種。如下述所示構造各異，對咖啡豆的加熱方式也完全不同。此外，當烘焙機本體在蓄熱情形嚴重的狀態下烘焙咖啡豆的話，輻射熱與傳導熱會強力發揮，多餘的熱量將作用於咖啡豆的表面，導致傳遞至咖啡豆中心部位的熱量不足，而無法完成正常的烘焙過程。如要連續烘焙咖啡豆時，最好開啟烘焙機的冷卻系統10分鐘以上，使烘焙機本體的烘焙室溫度下降後再繼續烘焙。

## 直火式烘焙機

從熱源產生的熱量約半分鐘就會被有穿孔的滾筒烘焙室所吸收，將熱量以傳導熱及輻射熱的方式傳遞至咖啡豆上。產生的熱量約半分鐘即會通過有穿孔的滾筒烘焙室，而熱量會以較為高溫的對流熱傳遞至咖啡豆。滾筒烘焙室本身的溫度也會上升至某種程度，因此必須注意以免燒焦。隨著咖啡烘焙的反覆進行，烘焙機本體會蓄積熱量，所以將對烘焙作業造成極大影響。咖啡豆外側會接收許多熱量，但熱量卻不容易傳遞至咖啡豆內部，於是咖啡豆內外側的烘焙程度將出現差異。我將這種情形稱作漸進式烘焙，在進行中度烘焙至城市烘焙時，會出現容易殘留澀味的傾向。而且從滾筒烘焙式掉落下來的咖啡豆粉屑會著火，結果將導近接近2爆時燻臭味會附著在咖啡豆上。一般來

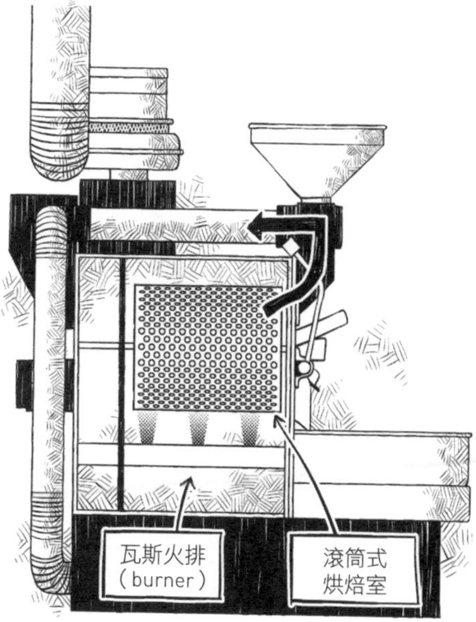

說，透過直火式烘焙機進行烘焙可表現出咖啡豆的芳香氣息，但是上述情形則會出現燻臭味，有損咖啡原本的風味。

**對流熱…中／輻射熱…中／傳導熱…中**

## ——半熱風式烘焙機

從熱源產生的熱量約有一半會被沒有穿孔的滾筒烘焙室所吸收，將熱量以傳導熱及輻射熱的方式傳遞至咖啡豆上；約有一半的熱量會以低溫的對流熱傳遞至咖啡豆上。

由於對流熱溫度較低，因此熱量不容易傳遞至豆芯，一旦烘焙時間太短，在

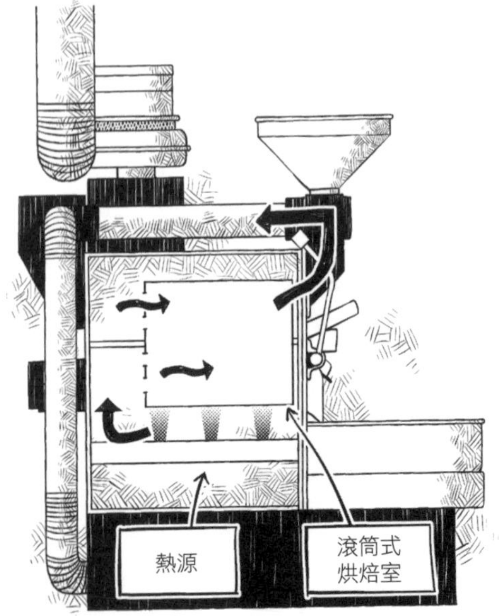

進行中等烘焙至城市烘焙時，將發生咖啡豆內部呈現半生不熟的傾向。但是烘焙時間太長，又會出現表面燒焦的情形，形成難以言諭的異味。由於滾筒烘焙室溫度會變高，所以表面便容易燒焦，隨著咖啡烘焙的反覆進行，烘焙機本身會蓄積熱量，因此也會對咖啡豆的烘焙造成大幅度的影響。

對流熱…小／輻射熱…大／傳導熱…大

## 熱風式烘焙機

從熱源產生的熱量大部分都會以高溫對流熱的方式傳遞至咖啡豆上。由於對流熱溫度較高，因此熱量容易傳遞至豆芯，且不太會受到輻射熱及傳導熱的影響。滾筒烘焙室的溫度可穩定維持在

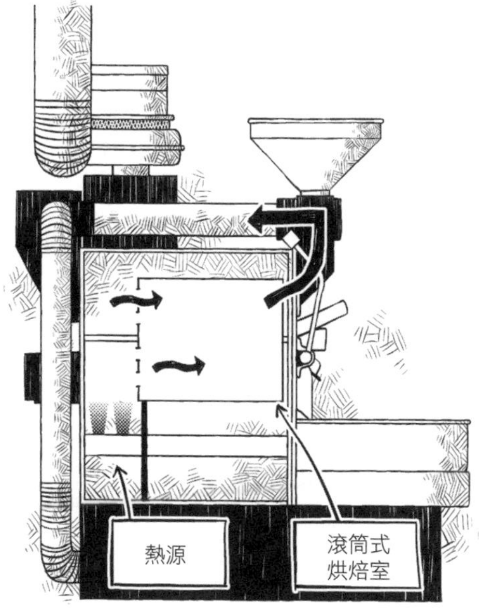

100度上下，即便反覆烘焙咖啡豆，烘焙機本體所蓄積的熱量也是微乎其微，不太會影響咖啡豆的烘焙。在進行中度烘焙至城市烘焙時，諸如澀味等味道也不會殘留，可明顯呈現出咖啡原始的風味。在進行城市烘焙至深城市烘焙時，可抑制酸味，並將甘味突顯出來。在進行法式烘焙時，並不會出現焦臭味，且可表現出原本優質的甘苦味。

對流熱…大／輻射熱…小／傳導熱…小

# 三

# 咖啡烘焙的準備工作

開始烘焙咖啡豆之前，在準備的階段必須掌握4項重點。
接下來將逐一針對照明、通風、烘焙時的咖啡豆分量、
手工挑選（hand pick）進行說明。

# I 照明器具的選擇

在準備烘焙咖啡豆的階段，最重要的就是照明器具的選擇。從一開始烘焙咖啡至結束這一連串的作業當中，必須頻繁取出咖啡豆，觀察其香氣、顏色、光澤、膨脹程度等狀態與變化。為了掌握烘焙時的微妙變化以及正確的結束時間，選擇適當的光源並正確使用是很重要的一件事。

我所指導過的咖啡烘焙店當中，起初完全沒有人思考過光線所造成的問題。請大家記住，必須確保正確的光源，才能穩定地完成咖啡的烘焙。

舉例來說，一般的白熱燈泡其光線顏色通常帶有紅色，因此會使淺烘焙的咖啡豆偏紅，看起來會有點接近中烘焙的顏色。如為城市烘焙或法式烘焙的咖啡豆，顏色看起來便會比實際來得淺一些。另外使用帶綠色或藍色的日光燈或ＬＥＤ等照明時，咖啡豆的顏色則會比實際的顏色更黑，呈現黯沈的色澤，所以會變得不容易正確判斷出豆色。

究竟何謂正確的光源呢？首先請參閱次頁圖表。

## 色溫

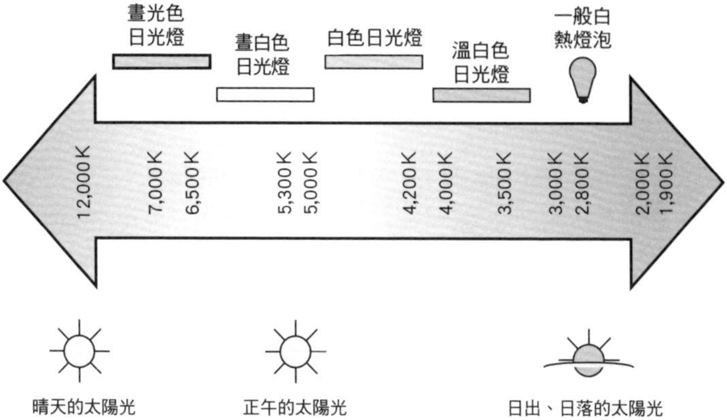


光線的明亮度是以W（瓦特）來表示，色溫則是以K（克耳文）來表示。想在烘焙咖啡豆的期間正確辨別豆色，以接近無色的５０００克耳文色溫上下最為恰當，根據圖表可發現，以晝白色的日光燈最為理想。請大家將具有相當於60瓦特燈泡亮度的晝白色日光燈擺放在烘焙機附近，並在距離15～20公分左右的位置觀察烘焙中的咖啡豆（參閱次頁插圖）。不過此時必須注意一點，那就是過於靠近燈泡會因為光線過強而產生光暈，導致無法正確觀察。最近也出現了ＬＥＤ燈泡，請大家在選購時要留意光線的顏色。

另外當烘焙室有開窗時，由於太陽光的顏色會在不同時間起變化，因此外部光線也會造成很大影響。建議大家事前盡可能將烘焙機設置在不會受到外部光線影響的地方。

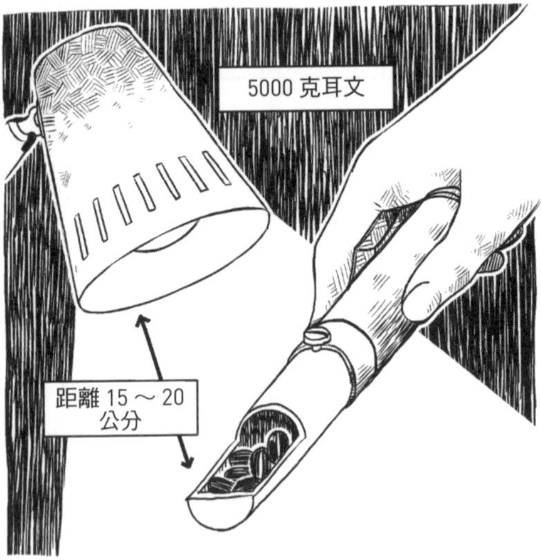


- 光源過近就會照射到強烈光線，因此會出現光暈而無法仔細辨別顏色。
- 須數次確認豆色、香氣、光澤、膨脹程度。

# II 咖啡烘焙室需要充足的通風設備

請大家好好用心規劃烘焙室的通風設備，這也是大部分投入咖啡豆烘焙的人都會疏忽的一件事。雖然每台烘焙機都有個別差異，但在一般使用上，1秒就會產出約莫滾筒烘焙室一半容量的煙霧，再經由煙囪排出。若以滾筒烘焙室容量達35公升的5公斤鍋爐為例，每秒就會有大約17公升的熱風產生，而這些熱風就是經由瓦斯加熱並膨脹後的空氣。請參閱次頁下方的補充說明。進入滾筒烘焙室的空氣透過瓦斯的燃燒，會膨脹至1・6倍左右，所以為了藉由瓦斯火源進行烘焙，大概每秒便需要約10公升的新鮮空氣。

若想在烘焙咖啡豆的過程中使空氣每秒達到10公升的流通量，就必須使室內每秒都有10公升的空氣進入。因此在烘焙咖啡時，烘焙室內的窗戶務必要完全敞開。

## ●簡單的負壓確認方法

當烘焙室內處於強大負壓之下的話，出入烘焙室的門便不容易打開。

如此一來，一旦進入室內的空氣量不足時，該如何是好呢？

哪怕在窗戶緊閉的狀態下，還是會有固定分量的空氣從縫隙或隔壁房間進入，因此我認為不容易實際察覺到會對烘焙造成哪些影響。但其實這樣是會產生莫大影響的，因為室內在窗戶緊閉的狀態下會產生負壓。原本每秒需要10公升的新鮮空氣，一旦產生負壓，使得室內呈現負壓的話，將無法滿足10公升空氣的需求量。

當室內變成負壓後，將如下述所示，會對烘焙產生不良影響。

**・氣流量減少。**

**——等同於疑似風門關閉的狀態。**

**・在氧氣不足的情形下，熱源將不完全燃燒，最糟糕時恐導致失火。**

**・室內會呈現缺氧狀態，危害人體健康。**

**——初期症狀會出現頭痛。**

此外，在抽風機運轉的狀態下也會導致室內變成負壓，

**【補充說明】**

**◆空氣膨脹的計算方式**

氣溫 20 度　烘焙溫度 200 度

$$\frac{473}{273} \div \frac{293}{273} = \frac{473}{293} = \text{約 } 1.6 \text{ 倍}$$

＊273為絕對溫度，473＝273℃（絕對溫度）+200℃（烘焙溫度）
293℃＝273℃（絕對溫度）+20℃（氣溫）

＊這個部分為了讓大家容易理解，所以省略了瓦斯燃燒後所產生的水蒸氣膨脹情形。

因此烘焙期間應避免開啟抽風機。
請大家切記，充分留意照明及通風，才能進行最理想的咖啡烘焙作業。

# Ⅲ 咖啡烘焙時適當的生豆分量

還有一點必須留意，每一台烘焙機適合的烘焙量各不相同，但請大家見諒，這點是依據我個人經驗所得到的結論，敬請各位作為參考。

一般來說，投入烘焙機容量約8成左右的生豆進行烘焙為最理想的狀態。接著為大家實際舉例說明，如果使用的是FUJIROYAL的直火式烘焙機，或是5公斤容量的半熱風式烘焙機，應投入4公斤的生豆進行烘焙，此為最平衡的狀態，至少最低限度也要達到3公斤。若為FUJIROYAL的直火式烘焙機，或是3公斤容量的半熱風式烘焙機，生豆投入量的適當範圍則落在2～2・5公斤。曾有一段時間我一直使用3公斤容量FUJIROYAL直火式烘焙機，自第一次使用經過了10年以上的時間以來，為了穩定地烘焙咖啡豆，我一直都是投入2・5公斤的生豆下去烘焙。一旦烘焙的生豆分量改變，火焰的高度就會起變化，熱量的流動以及冷

## 烘焙時適當的生豆分量

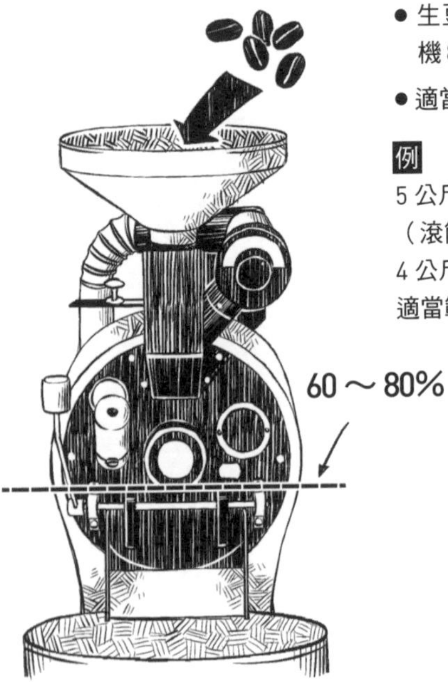


- 生豆的投入量設定在一般烘焙機 80%的烘焙能力最為理想。
- 適當範圍落在 60 ～ 80%。

例

5 公斤容量的烘焙機
（滾筒烘焙室為 35 公升）
4 公斤的生豆最為理想
適當範圍落在 3 ～ 4 公斤

【補充說明】
每 1 公斤生豆為 1.5 公升＝約烘焙出 2.4 公升的咖啡豆。
當生豆為 4 公斤時，約有 6 公升＝約烘焙出 9.6 公升的咖啡豆。
咖啡豆經烘焙後重量會減少大約 20%。
生豆經烘焙後體積會增加約 1.6 倍。
簡單來說，1.25 公斤的生豆＝ 1 公斤烘焙後的咖啡豆＝約 3 公升。

空氣進入滾筒烘焙室的情形、蓄熱及放熱的平衡都會改變，而且爆烈溫度以及烘焙結束時間等方面也會起變化，所以烘焙過程就會變得棘手。

咖啡的生豆一經烘焙之後，重量會減少2成左右，因此2・5公斤的生豆烘焙之後就會變成大約2公斤的咖啡豆。若以3公斤烘焙機烘焙2・5公斤生豆的話，完成後的咖啡豆約達2公斤。選擇烘焙機時，也必須依據這些原則作挑選。

曾有一家店使用了某廠牌8公斤容量的烘焙機，當我在指導對方如何烘焙咖啡時，老闆向我表示：「最好投入4公斤的生豆」，因此我便測量了滾筒烘焙室的容量，結果發現這台8公斤容量的烘焙機，其滾筒烘焙室的容量居然與一般5公斤容量的烘焙機相同，當下著實令我震驚。

如果以我個人的經驗來說，如要使用直火式或半熱風式的一般烘焙機來烘焙1公斤的生豆，滾筒烘焙室就得具備大約9公升的容量。

## IV 生豆的手工挑選

於各國生產地所採收的咖啡生豆當中，都會摻雜石頭、木屑、其他穀物等異物，以及蟲蛀豆、發霉豆、未成熟豆、發酵豆、死豆等瑕疵豆。雖然在產地會將這些挑選出來去除掉再行配送，但是事實上十之八九都做得不夠完善。因此在開始烘焙咖啡豆之前，必須經由手工挑選將這些去除掉。不過委託產地進行雙重手工挑選或三重手工挑選的咖啡生豆則另當別論，這些生豆有的幾乎不含異物及瑕疵豆。

一般進口至日本的生豆當中，摻雜異物及瑕疵豆的比例平均為1％左右，也就是每100顆咖啡豆就有1顆異物或瑕疵豆。

舉例來說，假設一杯咖啡會使用12g的咖啡豆，而12g咖啡豆平均為60顆左右。也就是說，一杯咖啡平均摻入異物及瑕疵豆的比例為0・6顆。像這樣單單一顆的異物或瑕疵豆，就會為咖啡風味造成不良影響，因此手工挑選在自家咖啡烘焙店當然是必須存在的工序。

手工挑選類似咖啡烘焙專家為了成就美味咖啡的一項儀式，畢竟烘焙後的咖啡豆很難判斷出瑕疵豆，尤其是蟲蛀豆或發霉豆，因此請以手工挑選生豆。

一般常見的手工挑選方法如次頁所示，會將500g左右的生豆倒入照片上的鐵盤（四角形平盤）靠左側（右側也無妨）的三分之一處，再於右側將適量生豆攤平，然後剔除瑕疵豆。第一次的挑選作業結束後將咖啡豆往右側靠攏，接著以相同作法重覆3～4次。一整盤生豆的挑選作業結束後，接下來會再依照相同作法由右往左進行手工挑選。進行到第三回合的手工挑選時，須注意篩選沒挑出來的石頭，以及其他特別重要的瑕疵豆。完成這三回合之後，手工挑選作業才算結束。

咖啡的生豆屬於農作物，不同於工業製品，因此沒必要過於嚴格要求。過於嚴格地進行手工挑選，恐將浪費大把時間。依照上述方法進行手工挑選的話，如為一般的咖啡生豆，上手後5公斤的生豆只需要30分鐘左右的時間即可完成手工挑選作業。

## ——有效率的手工挑選方法

❶ 將500g左右的生豆倒入40公分×30公分大小的鐵盤中。

❷ 將生豆往單側靠攏，接著將生豆攤平在空出來的地方進行手工挑選。

❸ 經手工挑選後的生豆往單側靠攏，接著進行後續的手工挑選。

❹ 一整盤生豆的挑選作業結束後，相同作法再重覆進行一次。

❺ 最後注意將沒挑出來的石頭或其他異物（特別重要的瑕疵豆）找出來。

↓

↓

## ——有手工挑選的參考依據

1公斤生豆（中等大小）＝約5000顆

瑕疵豆相對較少……瑕疵豆為0・5％時＝約25顆

瑕疵豆相對較多……瑕疵豆為1％時＝約50顆

＊對於手工挑選尚不熟練的人，請參考上述內容計算瑕疵豆的數量。在某些狀態下有時瑕疵豆的數量會很多，因此僅供參考。

四

# 咖啡烘焙的基本作法

先來仔細掌握整個烘焙作業的基本流程，接下來將分成五大步驟，逐一解說我所提出的完全烘焙法。

先來仔細掌握整個烘焙作業的基本流程，接下來將分成五大步驟，逐一解說我所提出的完全烘焙法。

# Ⅰ 咖啡烘焙作業的流程

首先來看看整個流程，咖啡烘焙作業大致上區分成下述五大步驟來進行，每個步驟皆具備其重要任務，因此必須充分理解每個流程並確實執行。順序說明如下。

**❶ 暖機運轉**
**❷ 預備烘焙**
**❸ 正式烘焙**
**❹ 最終烘焙**
**❺ 冷卻烘焙機**

# Ⅱ 完全烘焙　五大步驟

緊接著就來使用GRN完全熱風式1kg烘焙機，逐步說明至法式烘焙（深烘焙）為止。這次所使用的生豆設定為1kg。

即便為同一台烘焙機，依據其安裝的條件，其電壓轉換器的頻率、爆烈溫度、風門開關程度、瓦斯壓力都會有所變化。不過就算是機種或製造廠牌有別，我所提出的烘焙基本概念都是一樣的。

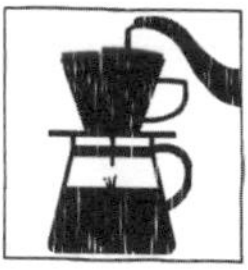

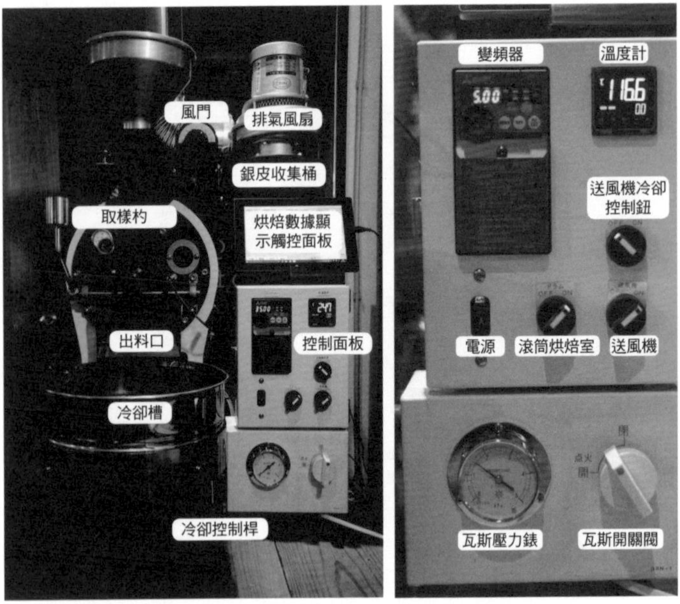


完全熱風式烘焙機 GRN-1 Tb　左圖為本體，右圖為控制面板。

**【完全熱風式 1kg 烘焙機　GRN-1 Tb 的規格】**

電壓：100V

頻率：50Hz

燃料：都市瓦斯

熱量（calorie）：2000kcal/H

電壓轉換器　35Hz

**【 安裝條件 】**

煙囪縱長 8 公尺

## ❶ 暖機運轉

開始烘焙咖啡時，在倒入咖啡豆之前，必須開啟烘焙機暖機一段時間，這個過程便稱作暖機運轉。

**1　首先須開啟烘焙機的電源，確認溫度計顯示的是室溫。**

接下來再打開排氣風扇及滾筒烘焙室的開關使之作動。

**2　打開咖啡豆的出料口。**

一打開出料口，熱源附近的空氣對流情形就會順勢變弱而容易點火。此外由出料口進入的空氣會上升，且通過滾筒烘焙室的熱風將有礙操縱者察看面板的正面。因此應預防內含於熱風中的水分，在面板正面冷卻後結露的情形。由於瓦斯原本就內含大量水分，所以當內含水蒸氣的熱風接觸到較低溫的面板正面時，就會引起水分的結露現象。當烘焙機的咖啡豆出料口無法維持一直敞開的狀態時，在瓦斯點火後，最好將風門稍微開大一些。

## 暖機運轉的步驟

❶ 開啟電源開關。

❷ 將風門關小一點。

❸ 打開出料口。

❹ 將熱源點火（a），確認已經著火（b）。

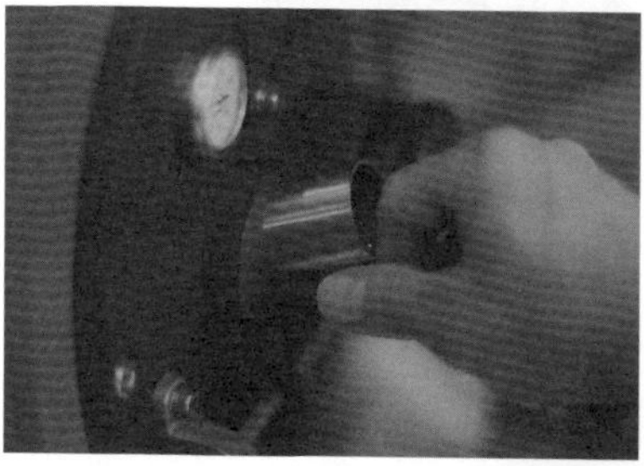

❺ 確認內部壓力。

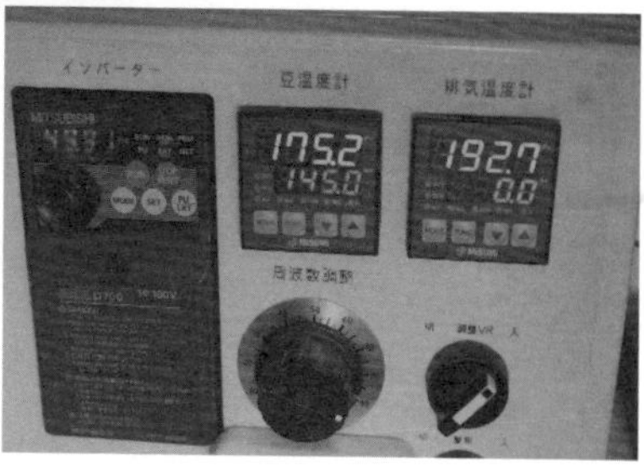


❻ 暖機運轉結束（暖機結束溫度）。

3 **打開瓦斯總開關，再將熱源點火。**

瓦斯在點火時，務必將風門關閉至正確位置（參閱次頁的檢查重點）以下（GRN，1Tb為10～20度）。點火後，須確認所有的火源是否已經著火。透過將風門開關的方式，即可使所有的熱源著火。如有未著火的熱源將非常危險，因此請務必確認清楚。順便提醒大家，倘若風門開得較大，將不容易點火。

4 **調整風門及瓦斯壓力後進行暖機運轉。**

著火後，接下來須將風門打開得比正確位置更大一些，再調整瓦斯壓力。一般來說，此時的瓦斯壓力不到瓦斯全開時的一半，但還是會因烘焙機的機型不同而有所差異，所以請多加留意。暖機就是將咖啡豆排料口打開約8分鐘，然後再關閉排料口，接著調整瓦斯壓力，一樣在8分鐘左右的時間能達到1爆的溫度（我這台烘焙機的溫度為185℃）。依據這些步驟，暖機會在16分鐘上下結束，但是冬天時間會稍長一些，夏天則會縮短一點。

**檢查重點**

烘焙機從熱源產生的熱風，會經由排氣馬達強制排出。一般來說，日本製的烘焙機都設有風門，用來調整排氣馬達與滾筒烘焙室之間的氣流量。如將風門關得小一些，滾筒烘焙室內部就會變成正壓；如果開得大一點，滾筒烘焙室內部就會呈現負壓。而所謂的正確位置，意指不會開得太大也不會關得太小，位在中間的位置。此外，正確位置也是指經燃燒後所產生的熱風得以順利排出的狀態。當然也有部分例外，但是大部分的烘焙機都能打開排料口確認內部壓力。進行確認時，首先須打開排料口，接著將風門關得小一點，此時將手蓋上去就會感覺到熱風（滾筒烘焙室為正壓的狀態）。其次再慢慢將風門打開之後，就不會感覺到熱風了。這個地方正好就是風門的正確位置（註①）。若將風門打開得比正確位置更大一些，滾筒烘焙室就會變成負壓。一部分的烘焙機在咖啡豆投入口或是取樣杓的開口處也能確認內部壓力。若為前者的話，正確位置的關關點有時會有些微誤差，所以遇到這種情形時，請透過這兩個地方確認這部分的誤差。在正確位置下，一旦溫度變高就會因熱膨脹導致壓力增加，因此風門應往開啟的方向移動。

審定註①：作者意指「平衡能量」。

## ❷ 預備烘焙

預備烘焙就是準備進入正式烘焙的階段，這個過程有3個目的。

**●使豆芯加熱。**

**●促使水分適度消失。**

**●鬆動咖啡豆的纖維。**

首先，前提條件是風門須位在適當的位置，接著再配合風門調整火力與分配時間。

### 1 投入生豆

確認暖機運轉結束後，打開送料斗（生豆投入口），將事先經手工挑選的1kg生豆投入滾筒烘焙室內。

## 預備烘焙的步驟

❶ 打開送料斗，投入生豆。

❷ 參考瓦斯壓力錶調整火力。

❸ 調整風門。

## 2 開始烘焙

火力控制的參考依據，就是瓦斯壓力（1・2Kp……千帕斯卡）在12分鐘時應比1爆少25℃（我這台烘焙機為160℃）。此時風門的位置會比豆溫為160℃時的正確位置（風門刻度為40度）關得稍小一些（風門刻度為35度）。投入生豆後經過大約1分30秒，溫度下降至70℃上下便會暫時停止，爾後開始上升。這個溫度下降到最低點的地方，我稱之為中點（註①）。

暖機運轉過度中點溫度就會變高，暖機運轉不足則會變低。中點溫度過高或過低都會影響咖啡的風味，因此在一般烘焙時以70℃上下、中度烘焙在80℃上下就得停止。此外從第2次烘焙開始，還得將滾筒式烘焙機冷卻達11分鐘左右的時間，使中點能維持在相同溫度。

投入生豆後，當溫度下降至中點時，接著又會開始上升。投入後在6分鐘前後會以8～10秒的速度上升1度。爾後溫度上升率會逐漸下降，9～10分鐘左右會以大約12秒鐘的速度上升1度。請大家仔細觀察溫度變化過程，再一邊調整瓦斯壓力，朝向預備烘焙在12分鐘達到160℃的目標邁進。

審定註①：一般稱為「回溫點」。

**檢查重點1**

當生豆投入烘焙機5分鐘後，溫度仍低於目標溫度5℃時，即為暖機不足，所以請將瓦斯壓力在1分鐘內調升成平時的1•5倍。在同樣的條件下溫度卻高於目標溫度5℃時，則為暖機過度，所以請將瓦斯壓力在1分鐘內調降至平時的3分之1。透過這種方式在1分鐘內調整過來之後，就能修正大約5度的溫度。誤差在10度時請依照相同作法重覆進行2次。

**檢查重點2**

咖啡豆加熱後，在5～6分鐘這段期間仍會維持綠色的外觀，並發出生臭異味。在超過130℃左右之後，咖啡豆內部一旦達到100度以上，就會開始出現熱化學反應。咖啡豆內含的水分將隨著這個熱化學反應開始消失，咖啡豆會由綠色轉變成淺綠色，生臭異味也會漸漸除去。咖啡豆在150℃左右會變成黃色，並會飄散出類似烤麵包或烤蛋糕的香甜氣味。這與麵包及蛋糕所產生的熱化學反應相同，也稱作梅納反應。接下來咖啡豆會隨著水分的消失同時收縮，並呈現稍微黯沈的狀態。

開始烘焙後從8分鐘左右開始，請每隔1分鐘透過取樣杓將咖啡豆取出，迅速觀察顏色、香氣、咖啡豆的表面。快要出爐之前，再每隔10秒觀察一次。經常進行這種觀察動作可在大腦內一步步蓄積更多經驗值，自然得以順勢掌握住烘焙的奧義。

約在12分鐘、達到160℃時，便可結束預備烘焙，進入正式烘焙。

## ❸ 正式烘焙

**1 風門開至40度，瓦斯壓力調降至0．95Kp上下。**

請務必確認風門開至40度時是否處於「正確位置」。其他烘焙機的「正確位置」，同樣是將風門從關閉狀態逐漸打開的過程中，從取樣杓的開孔感覺不到熱度時的位置。在不同季節、溫度、氣壓、風量、濕度、室內的空氣壓力以及烘焙機的規格狀態等條件下，都會出現±2度的變化。

＊由於風門一打開後熱風流量就會增加，所以溫度上升率會暫時變高。

一旦達到160℃後，隨著水分的消失，咖啡豆會稍微縮小，顏色也會隨之出現些許黯沈。

達到此時的160℃之後，就要進入所謂的正式烘焙了。

一達到160℃，內壓會比剛開始烘焙時還要高。因為如為相同瓦斯壓力的情形下，滾筒烘焙室的內部壓力會隨著溫度上升呈等比例上升。在這個時機點下，為了使內部壓力能暫時落在正確位置，須將風門開至40度，同時將瓦斯壓力調降至0・95Kp左右。以我這台烘焙機為例，1爆的目標為17～18分鐘達到185℃，因此要調整瓦斯壓力，使溫度上升速度在1分鐘內達到4～5℃。

＊溫度上升速度簡易計算方法

1分鐘內上升3℃＝20秒內上升1℃

1分鐘內上升4℃＝15秒內上升1℃

1分鐘內上升5℃＝12秒內上升1℃

**2　自正式烘焙的1分鐘後須確認溫度上升率，並修正瓦斯壓力，使溫度上升率在1分鐘內達到4～5℃，且在17～18分鐘時達到185℃。**

溫度上升率太低時，應將瓦斯壓力調升5～10%上下。

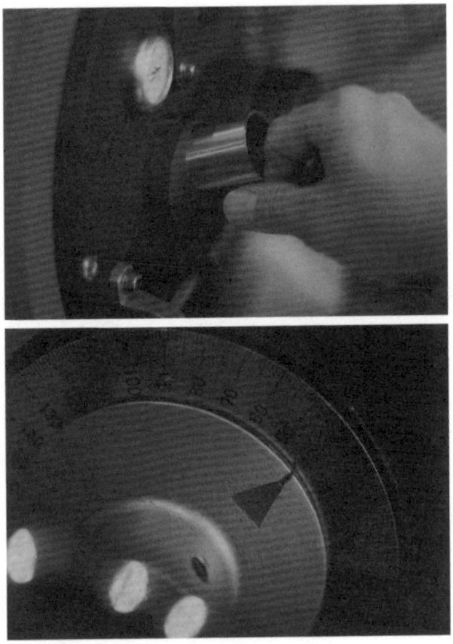

❶ 務必確認正確位置。

❷ 調整瓦斯壓力。

爆裂

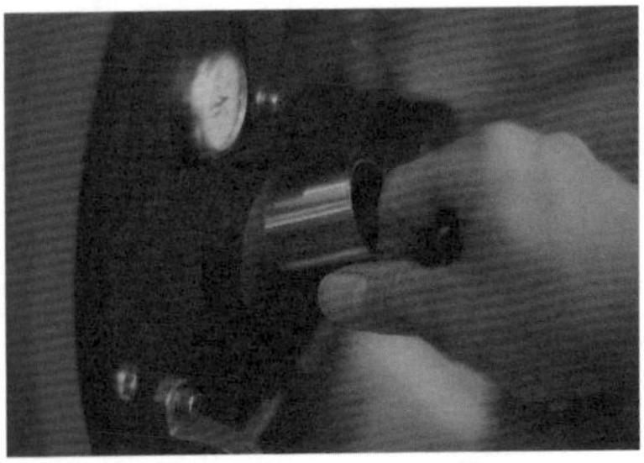

❸ 確認正確位置。

❹ 位在正確位置的狀態。

❺ 調整瓦斯壓力。

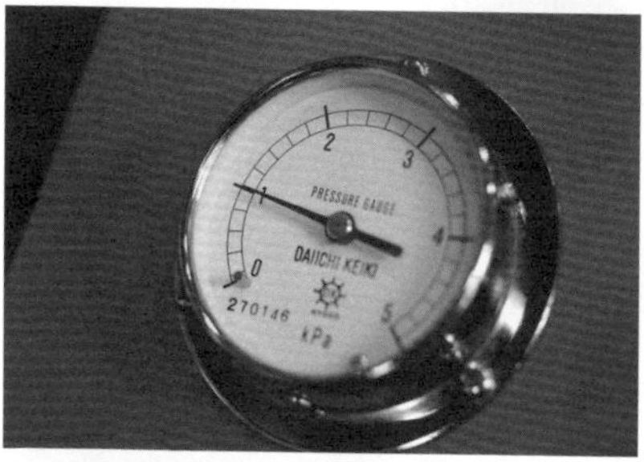


❻ 進行烘焙。

❼ 出爐。

**3　於17~18分、185度下開始1爆。**

**注意……**1爆並不是一開始爆裂的當下，而是開始連續爆裂之後。

**4　將風門開至50度，瓦斯壓力調降至0．8Kp。**

這個地方要特別注意，此時請務必確認風門在50度是否為正確位置。並且視狀況可在±2度的範圍內修正至正確位置。

**檢查重點**

由於開啟風門後熱風流量會增加，因此溫度上升率會暫時變高。接下來到195℃附近為止，溫度上升率會降低，從超過195℃上下（中等烘焙）開始，溫度上升率便會回復正常。此時溫度上升率會變化，是因為1爆時導致大量水蒸氣從咖啡豆裡被釋放出來，因而引發的自然現象。

從超過195℃之後起，可修正瓦斯壓力使溫度上升在1分鐘內達到4~5℃，並在23分鐘時變成208℃（2爆的溫度）。

溫度上升率太高的話，須將瓦斯壓力調降5～10％上下。

溫度上升率太低的話，應將瓦斯壓力調升5～10％上下。

從185℃（1爆）至200度（1爆＋15℃）為止，咖啡豆會逐漸膨脹。自200℃（1爆＋15℃）以後，咖啡豆的顏色會從淡咖啡色漸漸變化成深咖啡色。

**5　於208℃（1爆＋23℃）開始2爆。**

在2爆溫度之前，差3度左右時為高度烘焙，差2度則為城市烘焙。

**注意……**2爆並不是一開始爆裂的當下，而是開始連續爆裂之後。

經過2爆之後，咖啡豆會膨脹，且表面的皺摺會拉平，變成栗子色。

在2爆前後須修正瓦斯壓力，使溫度上升率在1分鐘內達到3℃，並在26分鐘時變成218℃（法式烘焙的溫度）。

此時須在確認香氣、膨脹程度、顏色、光澤等狀況後，再將咖啡豆從滾筒式烘焙室中倒出，並經冷卻後即可完成烘焙作業。法式烘焙的重點是在218℃時咖啡豆會膨脹，而且會出現油分及糖分，外觀呈現些許潮濕的狀態。下述形容稍嫌噁心，總之就是類似烘焙教室裡頭的蟑螂背部那樣。

## ❹ 最終烘焙

達到出爐的目標溫度之前，須將瓦斯壓力從2分之1調降至3分之1。調降瓦斯壓力的基準如下，固定烘焙量為大約1分鐘後溫度上升停止的瓦斯壓力，2分之1烘焙量則是約30秒後溫度上升停止的瓦斯壓力。我將這種狀態下的瓦斯壓力稱作最低烘焙瓦斯壓力。烘焙咖啡豆時，即便操縱步驟一模一樣，但是每次的過程與烘焙後的成品狀態一定都會出現偏差。咖啡豆的顏色、光澤、膨脹程度、皺摺拉平程度、香氣差異等等的偏差，都可透過最終烘焙加以修正，因此最後還是有可能維持同樣的烘焙狀態。應視烘焙量逐一進行調整，例如固定烘焙量為5度、2分之1分量為2～3度、少量為1度。最終烘焙必須使溫度停止變化並維持固定的溫度，但是無論哪一台烘焙機都得視咖啡豆的狀態進行最終烘焙，有些咖啡豆需要進行1分鐘左右，有些需要幾十秒鐘，甚至於有些咖啡豆根本不需要進行最終烘焙。

烘焙結束後，再打開出料口，將咖啡豆倒入冷卻槽。咖啡豆以冷卻至接近人體皮膚溫度左右為準。傳聞某些咖啡豆最好急速冷卻，但在一般烘焙時，只要正常冷卻便不會出現任何問題，大家無須過於神經質。

像是大型的咖啡豆烘焙機就有所謂的水冷卻（＊）設備，可在咖啡豆排出的瞬間，透過水霧抑制咖啡豆繼續烘焙。

＊短時間烘焙時由於火力較強，咖啡豆內部會保有許多熱量，即便在冷卻途中也會繼續進行烘焙。這種裝置可在咖啡豆出爐的瞬間噴上水霧，水分一接觸到高溫的咖啡豆就會蒸發，透過這些氣化熱降低咖啡豆的溫度，抑制過度烘焙的情形。

## ❺ 冷卻烘焙機

烘焙作業結束後，烘焙機本體及滾筒烘焙室都會呈現高溫。在這種狀態下進行烘焙的話，傳導熱及輻射熱會強力發揮，對烘焙過程造成干擾。雖然會依使用的咖啡豆烘焙量及烘焙機等條件而異，但是基本上應等待10分鐘以上的時間，使烘焙機回到第一次使用時相同程度的暖機狀態後，再著手下一次的烘焙。想要盡速冷卻時，請將風門打開得稍微大一點。

III

# 咖啡豆投入量不同時所出現的烘焙差異

到目前為止，已為大家說明投入1kg生豆進行烘焙時應如何設定了，如要投入500g生豆進行烘焙時，請注意下述幾點（請參閱圖表中的半量烘焙線）。

1 中點（回溫點）……由於咖啡豆投入量較少，因此中點溫度會上升。

2 瓦斯壓力……瓦斯壓力從一開始到最後幾乎保持一致即可，但請視溫度上升情形略作修正。

3 風門……風門與一般烘焙相較之下，在預備烘焙時應關小1～2度、1爆時應關小2～3度左右，這樣才會落在正確位置。

4 1爆、2爆的溫度會下降。因為咖啡豆分量變少了，因此滾筒烘焙室內的空間增加，熱量流動的中心位置會稍微往上方移動，所以即使實際上會在相同溫度下爆裂，但是測溫探棒所量測的該點溫度還是會變低。

爆裂溫度變低的部分，在烘焙進行的過程中，其溫度變化推估會如圖示這般變低。

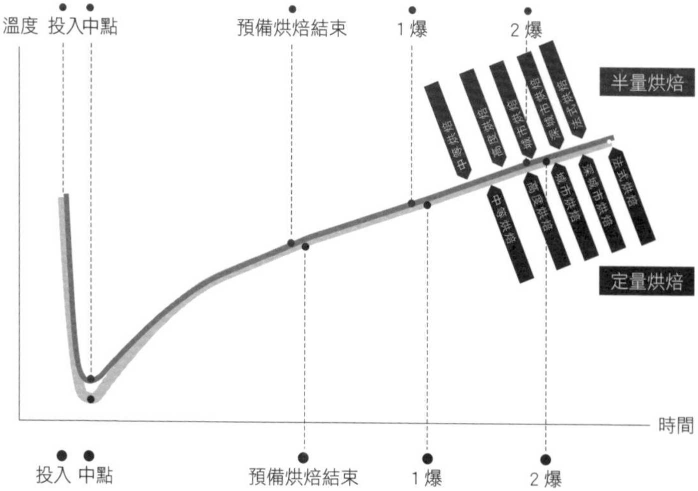
溫度
投入
中點
預備烘焙結束
1 爆
2 爆
半量烘焙
中等烘焙
高度烘焙
城市烘焙
深城市烘焙
法式烘焙
定量烘焙
時間
投入
中點
預備烘焙結束
1 爆
2 爆

# 五

# 終極的完全烘焙

大家已經了解完全烘焙法的基本概念了嗎？
本章將從風門的操縱開始深入介紹烘焙的技巧
及注意事項。

# I

# 風門的功能——其重要性

烘焙是在排氣、時間、溫度這3大要素下進行的作業。其中最為關鍵的作業，在於如何調整排氣，這項作業包括初期調整排氣量，以及在烘焙過程中調整風門這2個環節。

## ——風門的種類

商業用的咖啡烘焙機，通常會藉由排氣馬達強制性地將滾筒烘焙室內的空氣排出，而風門就是用來進行排氣量細微調節的裝置。風門在日本製的烘焙機屬於標準配備，但是大部分外國製的烘焙機往往都不具備風門。這點實在叫人不可思議，不過這是因為許多外國製的烘焙機都會強力排氣，完全不考慮鍋爐中的壓力會不會造成干擾，烘焙過程中只會去留意時間及溫度的關係。這樣的確也能進行烘焙，但是想要做到更極致的咖啡豆烘焙時，我認為還是不能缺少排氣量的調整以及風門的操縱。端看大家是將烘焙咖啡豆視為工業製品來生產？還是將之視為創造風味的大膽嘗試？或許日本與外國對於烘焙的概念，根本就存在差異性。

### ● Butterfly Damper

排煙管內具有圓形平板轉動的構造，轉動控制桿可將排煙管內部開啟或關閉。由於無法進行微細的排氣調整，因此並不適合用作烘焙機的風門。

某些日本製或外國製的烘焙機會使用這種風門。

### ● Cylinder Damper

排煙管內具有圓形開孔的圓柱體，轉動控制桿可改變開口大小的構造。在通過風門後的地方會產生亂流，排氣量會變得不太穩定。

日本製的一般烘焙機主要都是使用這種風門。

### ● Cylinder Slit Damper

排煙管內具有細縫狀開孔的圓柱體，轉動控制桿可改變開口大小的構造。在通過風門後的地方不會產生亂流，排氣量相當穩定。

比起一般的 Cylinder Damper，更能精準且正確地調整排氣量。

所以我在 GRN 熱風式烘焙機便採用了這種風門。

### ● Flap Damper

一般烘焙機會藉由相同的排氣扇進行排氣及冷卻，因此會裝設可切換至冷卻功能的 Flap Damper。只要打開這個 Flap Damper，空氣就會從冷卻槽進入，使烘焙的排氣作用減弱。雖可透過適度開關調整排氣情形，但卻只能大略地調整排氣。有部分外國製品採用了這種風門。

### ● Shutter Damper

來自烘焙機滾筒烘焙室的排氣會暫時排入四角形容器當中，其入口部分有如快門一般，呈現上下滑動的構造，以達到風門的功能，但是只能大略地調整排氣。最近的烘焙機幾乎看不到類似構造了。

一般的風門共有上述5種型式，最適合烘焙機的風門，可說只有「Cylinder Damper」與「Cylinder Slit Damper」這2種。外國製的烘焙機並不具備烘焙時操縱風門的觀念，因此大多不具備風門，即便有設置風門，也幾乎皆為第1種的 Butterfly Damper，或是第4種的 Flap Damper，而且風門並非在烘焙的過程中進行操縱，主要是在初期設定排氣量時使用。

**【補充】**排氣量也可透過變頻器進行調整，想利用變頻器來取代風門時，必須為經驗老道的人才能靈活運用，困難度極高。

最理想的方式是利用變頻器調整初期的排氣量，再透過風門進行微調。

*所謂的變頻器，就是藉由增減排氣風扇的電氣頻率，使排氣風扇的排氣能力得以改變的電子設備。

## ——風門正確位置的定義

商業用的烘焙機為了強制性地進行排氣，通常都會裝設排氣風扇。大多時候直接使用的話排氣力道會過強，因此在排煙管的中段部分都會附有風門以調整風量，而風門的調整須以正確位置為準。

所謂的正確位置，就是進入滾筒烘焙室的熱風得以順暢排出的狀態。風門位置正確的話，在瓦斯壓力相同的情形下，將呈現熱效率最佳的狀態，不會有過多的熱量逸散。

通常在設定正確位置時，會先行確認滾筒烘焙室裡頭的內部壓力。一般的烘焙機都得以確認滾筒烘焙室內的壓力，但是有些機種並無法進行確認。

正確位置的設定方法如下，先將取樣杓拔出，再將風門關小一點，然後熱風就會從這個孔洞跑出來。這種情形代表滾筒烘焙室的內部存在壓力（正壓），經由熱源所產生的熱風在排出時會呈現稍微踩煞車的狀態。

接下來再慢慢將風門繼續打開一些，等到熱風不再從孔洞跑出來的時候，這個位置就是正確位置。也就是說，這樣即可證明滾筒烘焙室內部的壓力既非正壓也不是負壓，經由熱源所產生的熱風正在順利排出。

倘若風門開得比正確位置更大時，經由熱源所產生的熱風就會過度排出，滾筒烘焙室的內部將呈現低於常壓（負壓）的狀態。

操縱風門時只要出現些微誤差，將對爐溫、火力控制、溫度上升率、咖啡豆內含水分的蒸發情形，以及熱化學反應等方面帶來全面性的影響，因此烘焙咖啡豆的一大前提就是必須恰當地操縱風門，此外還得配合風門調整瓦斯壓力。

幾乎所有會煩惱「咖啡烘焙得不理想」、「烘焙過程令人提心吊膽」的人，都是因為不了解如何好好地操控烘焙機的風門。

容我重申，在烘焙咖啡豆的過程中，「風門的操縱為首要條件」。

風門的基本操作

下圖為方便大家理解的簡化版圖表。1 爆以後由咖啡豆所產生的水蒸氣大致上不會再揮發出來了，因此正確位置幾乎不會變化。

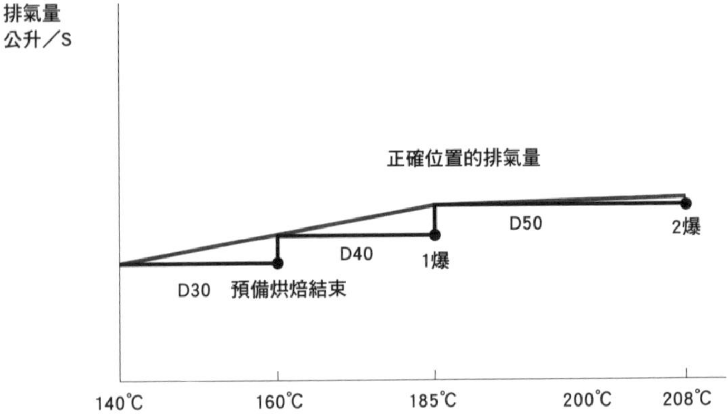


＊本公司調查結果

上圖為風門、火力大小與溫度上升的關係。

在此以風門開啟於正確位置的狀態下進行比較。

以同樣的火力大小將風門設定在正確位置進行烘焙時，溫度上升情形會比在風門打開的狀態下更快。為了在風門打開的狀態下達到相同的溫度上升情形，火力必須稍微大一些才行。這是因為在打開風門的動作下，會產生更多熱量逸散的現象。

將風門開得更大時，可透過火力的提升而得以達到相同的溫度上升情形。但是這麼做不只會消耗多餘的熱量，主要會使咖啡豆表面的水分蒸發，最後咖啡豆表面的部分與內部的烘焙程度，還有含水率的差異將會變大。

將風門關得更小時，將導致難以挽回的後果。因為在燃燒室所產生的一部分熱風將無法進入滾筒烘焙室而滯留在燃燒室內，其部分熱量將使烘焙機本身的金屬部分變熱。在這種狀態下將風門打開的話，原本滯留在燃燒室內的熱氣將一口氣流入滾筒烘焙室內，致使溫度急劇上升。

好比用「蒸煮咖啡」這種錯誤觀念進行咖啡豆的烘焙時，將風門開啟的當下就會開始1爆，緊接著會開始2爆，這類症狀原因便出在於此。針對這種症狀，將於後續再作說明。

## ——風門的正確位置會變化

正確位置會視狀況而有所變化。在烘焙咖啡豆的過程中，為使風門處於正確位置，排氣風扇的風力須維持在適當範圍內，這點為一大前提

每當季節轉換之際，許多人在烘焙咖啡豆會遭遇不穩定的問題，原因便出在正確位置改變了。

●隨著火力變強，正確位置會變成偏向風門開啟的位置。

●當烘焙機以及滾筒烘焙室蓄熱性佳的時候，正確位置會變成偏向風門開啟的位置。

●當煙囪設置在較高的環境下，隨著煙囪效應致使排氣量變大時，正確位置會變成偏向風門關閉的位置。

●當排氣風扇或排煙管有髒汙附著以致於排氣量變小時，正確位置會變成偏向風門開啟的位置。

●將原本附著在排氣風扇或排煙管的大量髒汙一口氣清掃乾淨後，排氣量會突然變大，使正確位置變成偏向風門關閉的位置。

●原本附有力道強勁的排氣風扇，且吸力過大時，即便風門看起來處於正確位置，但會變的與低於常壓的狀態（負壓）一樣。

●原本附有力道微弱的排氣風扇，且吸力過小時，即便風門看起來處於正確位置，但會變的與存在內壓的狀態（正壓）一樣。

## ——咖啡豆烘焙成果的優劣取決於風門的操縱

在烘焙過程中，尤其在1爆之後，必須留意風門的操縱才行。風門位置只要出現一丁點差異，烘焙出來的咖啡豆風味將大大不同。

次頁表格說明了1爆以後不同的風門位置會出現哪些不同的烘焙狀態。

不同的風門位置會出現哪些不同的烘焙狀態

| | 顏色的狀態 | 風味的狀態 |
|---|---|---|
| **風門關小一點** | 2 爆時上色較深。與一般烘焙相較之下，整體顏色變深，缺乏光澤，變成乾乾的感覺。2 爆會在低於一般烘焙的溫度下開始出現。2 爆的溫度與法式烘焙的溫度都會變低。 | 2 爆前後酸味會變重，無法釋放出甜味、香氣、風味的特徵。深城市烘焙、法式烘焙時會出現燻臭味。 |
| **風門處於正確位置** | 2 爆時的顏色會變成栗子色。深城市烘焙時會變成較深的栗子色。 | 2 爆前後酸味會變得圓潤，接著逐漸出現甜味。 |
| **風門開大一點** | 2 爆時上色較淡。與一般烘焙相較之下，整體顏色變淡，達到法式烘焙的顏色時，溫度會比一般烘焙來得高。 | 接近高度烘焙時會殘留許多澀味、雜味。城市烘焙、深城市烘焙也會殘留許多酸味，甜味及醇厚度較少。整體來説雖有香氣，但會殘留澀味，風味會變淡。 |

＊本公司調查結果

## Ⅱ 熱源的種類與特徵

烘焙機所使用的熱源主要有4種。

### 1 Bunsen burner

日本製的烘焙機一般都會使用這種熱源。在工業場合的各方領域也都會使用這種熱源，表現相當優異。用於烘焙機時，最大的問題點在於火焰會往上竄升，因此火力大小將大幅改變火焰的高度。舉例來說，利用直火式烘焙機進行少量烘焙時，火焰會變低，使得冷空氣被吸入滾筒烘焙室中，對烘焙造成嚴重影響。

### 2 Lead burner

經常使用於商業用的瓦斯爐上。由於體積精巧所以火焰高度也較低，相較之下火力可以減弱至最小的程度。我所製造的GRN完全熱風式烘焙機便採用了這種熱源。

## 3 Pipe burner

外觀看起來像是有開孔的鐵管，舊式烘焙機或小型烘焙機都會採用這種熱源。火力難以調整，將火力調小時，有時也會因為風的關係造成失火，必須特別留意。由於這種熱源原本是設計用來烤肉等用途，所以為了挪用至小型烘焙機上，熱量似乎都會過高。不過最近也出現了經過改良的機種。

## 4 Gun burner

一般用於容量達30公斤以上的大型烘焙機。藉由強制吸氣達到穩定的燃燒，但是火力只能大略地進行調整（註①）。我目前在使用的30公斤容量熱風式烘焙機，原本就是採用了Gun burner，後來改造規格變成可以調整細微火力的30支Bunsen burner。

審定註①：目前新款的Gun Burner已可進行精細的火力調整。

## ——火源的噴嘴

Bunsen burner 以及 Lead burner 的熱源根部都會裝設由黃銅製成的噴嘴，從位在噴嘴中心部位的細小孔洞會噴射出霧狀的瓦斯。一般來說，如為都市瓦斯通常使用具0・8公釐孔洞的噴嘴，如為桶裝瓦斯則為0・6公釐孔洞的噴嘴。0・8公釐孔洞的噴嘴大約可噴出0・6公釐孔洞噴嘴2倍的瓦斯量，也就是說，在相同的瓦斯壓力下，都市瓦斯所噴出的瓦斯量為桶裝瓦斯的2倍。這種噴嘴，在烘焙過程中會出現很大的問題。

製造噴嘴時，會透過鑽頭一次鑽出許多孔洞，但在製造過程中，第一個與最後一個鑽的孔洞大小會出現微妙差異。

我從約莫35年前就已經開始使用直火式3公斤鍋爐，至今長達20幾個年頭了，但是一直對於6支 Bunsen burner 的火焰高度不平均一事感到百思不得其解。明明在烘焙過程中並沒有出現什麼大問題，但在使用了10年左右之後，由於已經使用了一段時間，所以清掃時順便拆解開來看看。因此我仔細觀察了6支噴嘴，這才發現孔洞大小果然有微妙不同。那時候我才猜測這種情形在烘焙過程中應該會形成重大問題。

我於2007年開始製造GRN熱風式烘焙機，直到2016年現在為止，已經安裝過80台烘焙機，但是最近這個噴嘴的問題開始浮現出來。有一次我在安裝瓦斯桶規格1公斤的鍋爐時，竟發現如果與上次安裝1公斤鍋爐時設定相同瓦斯壓力的話，熱量恐嚴重不足。經我親自調整出最適當的瓦斯壓力後發現，這次需要比上次所安裝的烘焙機多50%的瓦斯壓力。接下來將為大家詳細說明，假使針對瓦斯壓力與熱量之間的關係進行分析的話，計算出來的結果為瓦斯量少了大約20%。

追根究底之下，發現起因於噴嘴本身的個別差異，雖說烘焙機為同機種同型號，但是瓦斯壓力並不一定會相同。

總之這也就是意味著安裝烘焙機後，在進行烘焙的調整時，每次都必須找出最適當的瓦斯壓力。此外，使用了經過一段時間後，有時也會因為熱變化而導致孔洞變大，而且有時同樣也會出現微細粉末堵塞孔洞的情形。

GRN烘焙機在製造過程中，會視狀況用鑽頭重鑽噴嘴的孔洞，使孔洞大小能夠呈現一致。

## ——火力大小的調整與瓦斯壓力計檢視方式

事先理解瓦斯壓力與熱量的關係，也是相當重要的一件事。絕大多數的讀者是否都認為，「瓦斯壓力與熱量呈正比」呢？簡單來說，大家似乎都以為瓦斯壓力調降一半的話，熱量也會減少一半。但是事實並非如此，當瓦斯壓力減半時，熱量會變成70％。

因為瓦斯壓力等於熱量的平方。

正確了解熱量須調升或調降多少，這在烘焙的過程中是相當重要的一環。

◎簡單的計算方式如下所示：

熱量要變成90％時，計算結果為9×9＝81，瓦斯壓力約為80％。

熱量要變成80％時，計算結果為8×8＝64，瓦斯壓力約為65％。

熱量要變成70％時，計算結果為7×7＝49，瓦斯壓力約為50％。

熱量要變成60％時，計算結果為6×6＝36，瓦斯壓力約為35％。

熱量要變成50％時，計算結果為5×5＝25，瓦斯壓力約為25％。

計算方式如上所述，但是事實上在壓力損失（＊）以及熱源特性等要因影響下，並無法依照計算結果這般進行烘焙。此外在瓦斯壓力調降的狀態下，將產生極大誤差。

＊瓦斯流經瓦斯管時會出現阻抗情形。瓦斯管愈細或是愈長的話，阻抗情形就會加劇。阻抗愈大的話，壓力就會減少（損失）。

## III 何謂理想的烘焙時間

烘焙時間的定義因人而異。

事實上，某些烘焙機也具備在1～2分鐘內完成烘焙的隨選功能。

實際參閱陳列在書店的烘焙解說書籍後，書中都會寫道烘焙時應做到不能燒焦，且要快速烘焙的要求，或是中度烘焙以15分鐘左右為佳等相關內容。也常聽說在日本有許多一般的咖啡烘焙業者，從淺烘焙至深烘焙會在13分鐘～18分鐘內完成。還有指導烘焙的各家公司，普遍也都是以相同模式在進行教學。諸如最近流行的西雅圖咖啡烘焙機，似乎是以12～13分鐘的時間完成中度烘焙的咖啡豆。

有件事我想在這裡提醒大家。

身為一名指導者，有件事我最為感到憂心，在漫長的烘焙指導經驗中，我已經看過太多相同案例了。

有志從事咖啡烘焙的人，從指導者身上學習到固定的烘焙流程後，往往對於指導內容深信不疑，以致於無法擺脫這些枷鎖。

有一群會經受我指導，烘焙經歷長達5～10年的專業烘焙師，就是完全依循我的指導原則，深信在短時間內完成烘焙乃理所當然之事，所以我十分煩惱他們無法擺脫時間的枷鎖。

反觀不會接受過任何人指導，一直依照個人想法進行烘焙的人就不會這樣，在2爆之前，他們會花費20分鐘以上的時間進行烘焙。

由於他們從未受到時間的束縛，因此得以隨意改變烘焙時間，多方嘗試摸索，獨立找出接近完美的烘焙時間。

我認為，教導咖啡烘焙的人，在指導他人的當下理應切記你對學員們日後的運命將造成極大影響，但是在這之前，必須重新省思自己是否真的適合教導別人如何烘焙咖啡。我也是在獨力投入烘焙之際，遍尋各式烘焙相關書籍仔細閱讀，再參考書中內容，從10分、12分、15分、17分、19分……不斷地變化烘焙時間。然後在多方嘗試後，才終於鑽研出1爆為17～18分鐘、2爆為23分鐘的烘焙時間。

## IV 預備烘焙的必要性

我將咖啡烘焙分成預備烘焙與正式烘焙這二個步驟來進行。

因為在烘焙咖啡的過程中，於初期階段將熱量平均地傳遞至豆芯是相當重要的一件事。

這個預備烘焙的步驟，就和將熱量傳遞至水煮蛋的蛋黃是同樣道理。

如果在這個階段沒有將熱量傳遞至咖啡豆的中心部位，咖啡豆中心部位的熱化學反應到最後一刻都會延遲，且咖啡豆中心附近的熱化學反應恐在中途結束。結果將導致無法除去從銀皮造成的澀味等情形，殘留下不好的風味。

預備烘焙的溫度，會比1爆的溫度少25度，時間請依12分鐘為參考依據。

開始烘焙咖啡豆經過7分鐘左右之後，豆溫會超過130度。當豆溫一達到130度，咖啡豆內部的溫度就會超過100度，接著咖啡豆內含的水分將開始蒸發。在此同時，先前為綠色且具生臭味的生豆將逐漸變成淡綠色，生臭味也會慢慢轉淡，接下來會開始泛出黃色的顏色，然後飄散出類似烤蛋糕的香甜氣味。這種現象，正是前一章也曾提到的梅納反應。所謂的梅納反應，是經由熱化學反應，促使糖與胺基酸（蛋白質）相互作用後，產生褐色物質（梅納汀）與特有的香甜氣味（香氣成分）。

這時候會出現一個疑問。咖啡豆包括像是曼特寧咖啡這樣顆粒大且含水率多的咖啡豆，以及類似巴西咖啡這類含水率低的平豆，也有小顆的咖啡豆。尤其以後者為例，透過相同的瓦斯壓力進行烘焙的話，烘焙速度會比前者來得快。後者在乍看之下會以為熱量已經傳遞至中心部位了，但實際操作過後會發現，花費相同時間烘焙才能呈現最佳狀態。這種現象我想應是為了適度進行梅納反應，以及細胞組織間的熱化學反應，所以必須耗費一段固定的時間才行。

所謂的烘焙理論，不能只在大腦中思考就能獲得結論，必須依據重覆好幾次的實作結果，才能驗證理論的整合性，並有所心得。

在此容我再度重申一次，若要談論如何烘焙咖啡豆的話，大家應將下述這句話銘記在心：「沒有理論根據的經驗只是談天，沒有經驗根據的理論則是謬論」。

接下來舉數個例子給大家作參考。對於咖啡烘焙，據說似乎有下述幾項定論，但是這些定論毫無理論的整合性可言。

1 烘焙速度要快，以免燒焦。

2 在烘焙的前半段過程應關閉風門將咖啡豆蒸熟。

3 最好使用遠火的大火。

4 熱風烘焙時應以低溫熱風進行烘焙。

## ——預備烘焙時的溫度調整方式

在前半段預備烘焙時的溫度調整，屬於最初的門檻。

因為隨著烘焙機的暖機強弱，中點的溫度將發生變化。辨識暖機的狀態沒有絕對的方法，須藉由經驗歸納出瓦斯壓力、時間及溫度後才得以進行下一步。氣溫低的時候暖機時間會變長，氣溫高的時候暖機時間會變短。此外當生豆量少的時候請將暖機溫度調低，而生豆量多的時候再將暖機溫度調高。當要連續烘焙且第2次以後的生豆投入量相同時，烘焙後須將烘焙機本體冷卻11分鐘；投入量只有一半時則須冷卻13～14分鐘。像這樣進行調整，使中點溫度達到理想中的目標後，再開始烘焙。

尤其在進行少量烘焙時，關鍵在於須留意中點不能太高。因為在烘焙的過程中，烘焙機本身過熱的話，將無法烘焙出美味的咖啡豆。

而中點過低時，須在大約3～8分鐘這段時間內將瓦斯壓力提高，以接近目標的時間及溫度。中點過高時，則要在大約3～8分鐘這段時間內將瓦斯壓力調降，以接近目標的時間及溫度。在12分鐘內完成溫度及時間的調整，也就是進行完預備烘焙之後，接下來不需要再進行太大的調整，即可順利進行烘焙了。

## V 含水量的變化與1爆的現象

生豆開始烘焙之後，就會逐漸吸收熱量。當豆溫達到130度左右之後，生豆內部就會具有100度以上的高溫，並且水分會開始蒸發。在1爆之前，會以幾乎一定的比例進行水分的蒸發，而且咖啡豆會呈等比例收縮，豆色也會從黃色變化成土黃色。雖然咖啡豆會一度收縮，但是緊接著細胞將開始膨脹，此時以壓縮狀態滯留在裡頭的水蒸氣也會一口氣釋放出來，因此會發出啪戚啪戚的聲響，開始進行1爆。這時候風門要稍微打開，調整至正確位置，開放內部壓力，如此便能進而促進1爆。在此補充一點，一旦開始爆裂後，水分的蒸發會變得十分活躍，溫度上升率將暫時變低，但是經過1分鐘後，當水分蒸發減緩時，溫度上升率就會回復原貌。

### ——1爆的好壞

如上所述，烘焙後所引發的自然現象就是爆裂。1爆幾乎會在相同溫度開始出現，但是並不會所有的咖啡豆一起爆裂，而會在1～2分鐘左右以固定的節奏逐漸爆裂。以我為例，我並不會將一開始爆裂的當下視為爆裂，而會在連續出現爆裂時才會視為爆裂。

在短時間達到爆裂溫度時，爆裂情形會氣勢磅礴，出現啪戚啪戚的巨大聲響。這種現象是因為咖啡豆內部還含有大量水分的關係。在適當時間到達爆裂溫度時，則會出現啪戚啪戚的輕快聲響，進行順暢的爆裂過程。

長時間才達到爆裂溫度時，並不會產生爆裂現象。這是因為引發爆裂的水分都已經流失了。

以前我很想了解爆裂與烘焙對於咖啡味道會造成什麼影響，於是嘗試了下述這樣的強烈爆裂方式。

1　短時間達到1爆的溫度使咖啡豆爆裂。

2　在低於爆裂溫度5度的溫度時提高瓦斯壓力。

依照上述方式的確可以簡單引發強烈的爆裂。像這樣增強爆裂現象後，確實會感覺心情舒暢，但是咖啡並不會因為加強爆裂現象而變好喝。

我在觀察這些狀況的期間，對於爆裂現象做出了下述結論。

由於1爆是在一連串的烘焙過程中所出現的自然現象，因此故意用人為方式進行爆裂是沒有意義的行為。

即使是相同種類的咖啡生豆，其大小、硬度、含水率都會不太一樣，所以爆裂須花費固定的時間使之順勢發生，這才是最自然且最理想的方式。大小、硬度、含水率各異的咖啡豆，在爆裂結束的當下會呈現均一的狀態。違反自然的爆裂演變，刻意進行強烈爆裂的話，還有在短時間使咖啡豆爆裂的話，將在熱化學反應無法正常進行的狀態下烘焙咖啡豆，或使咖啡豆在烘焙狀態不均衡的情形下繼續進行烘焙，於是將殘留不好的酸味以及雜味。

## ——纖維細胞膨脹所引發的2爆

雖然因烘焙機或烘焙方法的不同也會出現差異，但是依照我的烘焙方式，從1爆起經過大約5分鐘後，使溫度到達＋20～23度左右時，將開始2爆並發出霹戚霹戚的聲音。

A　使用直火式或半熱風式烘焙機的話，為城市烘焙後半段開始至深城市烘焙這段期間。

B　使用熱風式烘焙機的話，為城市烘焙這段期間。

**各式烘焙機的爆裂溫度差異**

| | 1 爆 | 2 爆 |
|---|---|---|
| FUJIROYAL　直火式 3 公斤烘焙機 | 185 度 | 202 度 |
| FUJIROYAL　直火式 5 公斤烘焙機 | 185 度 | 202 度 |
| FUJIROYAL　半熱風式 5 公斤烘焙機 | 185 度 | 210 度 |
| FUJIROYAL　熱風式 30 公斤烘焙機 | 210 度 | 230 度 |
| GRN　完全熱風式　500g 烘焙機 | 185 度 | 208 度 |

此數值乃根據實際指導烘焙時所操作的烘焙機之相關數據，所以有時會因安裝場所及安裝條件而異。此外當烘焙時間不同以及操縱風門時排氣大小的不同，也會使爆裂溫度有所變化。

＊自家公司調查結果

明明同樣是2爆，為何A的烘焙速度會比B快，原因便出在滾筒烘焙室所產生的傳導熱及輻射熱強力作用的關係，因此A咖啡豆表面上色情形就會比B來得深。

隨著愈來愈接近2爆，咖啡豆內含的水分幾乎都蒸發了，接著咖啡豆的細胞會再度開始膨脹。藉由細胞膨脹自然裂開的現象，就是所謂的2爆。2爆和1爆一樣，以開始連續爆裂的當下為準。

## ——爆裂聲響大的咖啡豆與爆裂聲響小的咖啡豆

咖啡生豆會視所保有的水分、形狀、硬度等

條件，分成下述這樣爆裂聲響大的咖啡豆與爆裂聲響小的咖啡豆。爆裂聲響大或是爆裂聲響小，都是屬於自然現象，所以並不需要在意爆裂聲響小的問題。

**爆裂聲響大的咖啡豆**…肯亞、坦尚尼亞等（果肉厚、硬度硬）

**爆裂聲響小的咖啡豆**…巴西（果肉薄、硬度軟、水分少）

# IV 我心中夢寐以求的完全烘焙

## ——經完全烘焙後的咖啡豆風味會緩慢劣化

在適度操縱風門以及適當時間下烘焙出來的咖啡，熱量會平均地傳遞至豆芯，因此不會出現澀味、雜味、嗆味，充滿芳醇的風味。

而且水色不會混濁，清澈且通透。萃取出來的液體不會有混濁的成分存在，水色比起一般的咖啡感覺更淺，但是味道卻很飽滿，在不具澀味、雜味、嗆味的情形下，取而代之的是過去不曾品嚐過的風味細節將一一浮現出來。

味道的形容詞包括醇厚度或銳利感，而像這樣經由正確烘焙後的咖啡裡頭，就能明確品嚐到這些味道。醇厚度取決於甘味成分的質與量，銳利感則是不具有雜味成分所衍生出來的味道。

我將能夠品嚐到這等風味的烘焙，命名為「完全烘焙」。

雖然會因烘焙機的種類以及烘焙時的生豆而起變化，但是這種「完全烘焙」所需的時間，是以城市烘焙的23分鐘前後、法式烘焙的26分鐘前後為準。少量烘焙時，由於熱量滲透率佳，爆裂溫度低，因此大約會縮短1分鐘左右。

只不過如果使用的是半熱風式烘焙機，傳導熱將造成不良影響，所以必須比這個時間更短才行。

經完全烘焙後的咖啡豆，烘焙後的風味與香氣會以非常穩定地狀態緩慢劣化。一般市面上販售的咖啡豆，在烘焙後經過3天～1週時間，風味就會開始急速劣化。這是由於烘焙不完全的緣故，所以會殘留未經熱化學反應的成分，推測就是這些成分，才會加速風味及香氣的劣化。

完全烘焙後的咖啡豆，會內含許多經壓縮後的二氧化碳。

比方說200g的咖啡豆就含有500cc左右的二氧化碳，而當中經熱化學反應所產生的雜味成分，也會內含在這些二氧化碳裡頭，這也是為什麼品嚐剛剛烘焙好的咖啡並沒有那麼美味的原因。這種狀態我會用「走味」來形容。烘焙後經過2～3天的熟成，咖啡豆裡頭內含雜味成分的二氧化碳會適度釋放出來，此時才是最佳品嚐時機。過了這個時機之後，美好的風味可維持2周左右的時間。經完全烘焙後的咖啡，即便過了這段時間還是會穩定地緩慢劣化，只要放入冷藏庫或冷凍庫保存，就能喝到很長時間的美味咖啡。

以濃縮咖啡為例，烘焙後經過1～2週的時間，當二氧化碳完全釋放出來之後，將達到最佳狀態。所以完全烘焙後的咖啡豆，即便用咖啡機沖煮，也能萃取出圓潤美味的咖啡。用咖啡機沖煮會不好喝的咖啡，就是因為烘焙不恰當的關係。

### ──完全烘焙與熱化學反應的關聯性

咖啡的生豆在烘焙的加熱過程中，豆溫從超過130度左右就會開始出現熱化學反應。咖啡豆內部一旦達到100度以上，就會在熱化學反應下使糖與蛋白質（胺基酸）、脂質、綠原酸等成分結合，生成褐色物質（梅納汀）。這就是我數次提及的梅納反應（參閱p69）。

藉由梅納反應所生成的褐色物質（梅納汀），將成為使人品嚐到咖啡甘味、醇厚度、甜味、香氣的一大要素。梅納汀可抑制氧化，這對於咖啡來說是相當重要的特徵。這種梅納汀可透過完全烘焙的過程大量生成，也就是說，必須花費充足時間進行正常的梅納反應。這可說是經完全烘焙後的咖啡豆劣化持穩的一種證明。

此外，有種物質也能單靠醣類的熱化學反應所形成，這種物質稱作「吡嗪」，可使人在喝咖啡時品嚐到芳香感。就連布丁等甜點中經常使用，將砂糖用170～200度加熱後所煮成，口味苦甜的咖啡色焦糖，也算是醣類經由熱化學反應所形成的「吡嗪」。所以在烘焙咖啡豆的時候，從2爆附近開始，與製作焦糖時一樣，咖啡豆的內部也會產生同樣的熱化學反應。咖啡的甜苦味，並不是因為燒焦（炭化）所衍生的，而是在熱化學反應中生成的「吡嗪」所造就的。

透過這些熱化學反應生成許多成分，也算是完全烘焙的目的之一，為了實現這個目的，才需要花費一定的時間，促使正常的熱化學反應。

## ——參考溫度上升率掌控烘焙時間

在烘焙過程中，最重要的就是風門的掌控，其次重要的，則是溫度上升率的掌控。

溫度上升情形會受到烘焙的爐溫、氣溫、風門、咖啡豆種類以及投入量等因素所左右。因為幾乎無法每次都靠同樣的火力調整烘烤直到最後一刻。所以為了做到每次皆以理想的溫度曲線進行烘焙，必須掌握下圖所示的精密溫度上升率，加以微調火力才行。

雖然必須熟記這些數據，但是只要經常在心中讀秒，掌握住溫度上升情形的話，也就能推估出幾分鐘後的溫度，即可烘焙出誤差極少的咖啡豆成品。

**溫度上升的參考依據**

| 每上升 1 度所花費的秒數 | 1 分鐘內的溫度上升率 |
| --- | --- |
| 6 秒 | 上升 10 度 |
| 8 秒 | 上升 7.5 度 |
| 10 秒 | 上升 6 度 |
| 12 秒 | 上升 5 度 |
| 15 秒 | 上升 4 度 |
| 18 秒 | 上升 3.3 度 |
| 20 秒 | 上升 3 度 |
| 24 秒 | 上升 2.5 度 |
| 30 秒 | 上升 2 度 |

## ●想要提升溫度上升率就得調升瓦斯壓力

當低於目標溫度時，通常會調升瓦斯壓力來接近目標溫度，但是瓦斯壓力提升後直到溫度上升率上升為止，約需花費1分鐘的時間。此外即便回復原本的瓦斯壓力後，溫度上升率也必須花費1分鐘左右的時間才會下降，因此在接近目標溫度的時間點時，就要調回原先的瓦斯壓力。

〈範例〉

想將熱量提高20％的時候，瓦斯壓力應調成1・5倍。

想將熱量提高10％的時候，瓦斯壓力應調成1・25倍。

## ●想要降低溫度上升率就得調降瓦斯壓力

當高於目標溫度時，通常會調降瓦斯壓力來接近目標溫度，但是瓦斯壓力調降後直到溫度上升率下降為止，約需花費1分鐘的時間。此外即便回復原本的瓦斯壓力後，溫度上升率也必須花費1分鐘左右的時間才會上升，因此在接近目標溫度的時間點時，就要調回原先的瓦斯壓力。

〈範例〉

想將熱量降低20％的時候，瓦斯壓力應調成0・65倍。

想將熱量降低10%的時候，瓦斯壓力應調成0・8倍。

## ●火力增減、風門與溫度上升率之間的關係

火力增減與風門是有相關聯的。當瓦斯壓力一提升，想當然爾溫度上升率就會上升。將風門打開後熱量即會逸散，因此溫度上升率便會下降。但在烘焙的過程中，必須將瓦斯等熱源所產生的熱量確實地傳遞給生豆，因此當風門在不必要的狀態下開啟或關閉時，將導致下述的不良影響。

當風門在不必要的狀態下關閉時，由熱源所產生的局部熱量將無法進入烘焙機的滾筒烘焙室內，而會滯留在滾筒烘焙室前方的空間裡。此時溫度上升率會暫時變低，但是之後溫度上升率又會變高。由於某些熱量無法進入滾筒烘焙室內，於是咖啡豆將在熱量不足的情形下進行烘焙。此外滯留在滾筒烘焙室前方的熱量，又會使其附近的金屬部分溫度上升。此時若從風門關閉的狀態下將風門打開，滯留在滾筒烘焙室前方的熱量，以及其周邊金屬所積蓄的熱量，將一口氣被送進滾筒烘焙室內，於是將引發急劇的溫度上升，對於烘焙來說，恐會面臨最不理想的結果。

風門過度開啟時，滾筒烘焙室內的熱量會逸散而導致不足，所以逸散掉愈多熱量，就必須從

熱源取得更多的熱量。雖然將瓦斯壓力調升得比平常高，就能維持相同的溫度上升率，但是即便提升火力還是只會造成熱量散失，並無法將更多的熱量傳遞給生豆。像這種時候，熱量會大量作用於咖啡豆外側甚於咖啡豆內部，因此咖啡豆表面的水分會大量去除，導致表面呈現粗糙的狀態。

# VII 咖啡烘焙程度介紹

## ——我所依據的烘焙程度與特徵

| 咖啡烘焙程度 | 烘焙的深淺 | 咖啡因含量 | 風味 |
|---|---|---|---|
| 淺度烘焙 | 淺 | 多 | 酸味 |
| 肉桂烘焙 | | | |
| 中度烘焙 | | | |
| 高度烘焙 | | | 甜味 |
| 城市烘焙 | | | |
| 深城市烘焙 | | | |
| 法式烘焙 | | | |
| 義式烘焙 | 深 | 少 | 苦 |

直火式烘焙機與熱風式烘焙機的各種咖啡烘焙程度之溫度差異

| 咖啡烘焙程度 | 直火式烘焙機 | 熱風式烘焙機 |
|---|---|---|
| 淺度烘焙 | 1 爆 | 1 爆 |
| 肉桂烘焙 | 1 爆 +5 度 | 1 爆 +8 度 |
| 中度烘焙 | 1 爆 +10 度 | 1 爆 +12 度 |
| 高度烘焙 | 2 爆 -5 度 | 2 爆 -3 度 |
| 城市烘焙 | 2 爆 -2 度 | 2 爆 +1 度 |
| 深城市烘焙 | 2 爆 +2 度 | 2 爆 +6 度 |
| 法式烘焙 | 2 爆 +8 度 | 2 爆 +10 度 |
| 義式烘焙 | 2 爆 +10 度 | 2 爆 +12 度 |

※ 依烘焙機的機種與生豆的投入量，以及烘焙方法而異。　＊本公司調查結果

透過上圖就能明白，直火式烘焙機與熱風式烘焙機在1爆以後的各種咖啡烘焙程度之溫度差異。直火式烘焙機與熱風式烘焙機相較之下，由於傳導熱與輻射熱較多的關係，咖啡豆的表面看起來會上色較快。

## ——淺度烘焙

1爆前依照一般的烘焙步驟會呈現熱量不足的狀態，殘留許多生臭味、雜味、嗆味、澀味。但是透過長時間烘焙或是二次烘焙的特殊手法，在烘焙過程中彌補熱量不足的狀態後，即

可達到某種程度的改善。

一般幾乎不會使用這種烘焙程度。

## ——肉桂烘焙

依據一般的烘焙步驟會出現許多雜味、嗆味、澀味，因此與淺度烘焙一樣必須進行特殊的烘焙步驟。

一般幾乎不會使用這種烘焙程度。

## ——中度烘焙

**直火式烘焙機……**容易殘留強烈酸味、雜味、嗆味及澀味，所以建議使用熱量容易進入生豆裡頭，不易產生雜味，而且酸味不強的生豆，例如中美洲生產以及日曬處理法的生豆。

**熱風式烘焙機……**雖然不會殘留雜味、嗆味及澀味，但是容易殘留強烈酸味，因此建議使用熱量容易進入生豆裡頭，不易產生雜味，並且酸味不強的生豆，例如中美洲生產以及日曬處理法的生豆。

## ——高度烘焙　亮栗子色

**直火式烘焙機……**酸味強烈，容易殘留雜味及澀味。味道清爽且單純，很難重現同樣的風味，烘焙時風味容易偏差。

**熱風式烘焙機……**不會殘留雜味、嗆味及澀味。

相較於短時間烘焙，其實在進行完全烘焙之後反而可以展現咖啡豆原有的香氣、甜味、酸味等複雜且雅緻的細緻層面。

## ——城市烘焙　栗子色

**直火式烘焙機……**咖啡豆外側會上色，但由於內部的烘焙程度會比外側來得淺，因此也會具有強烈酸味，並容易殘留澀味。但可透過最終烘焙加以改善。

**熱風式烘焙機……**咖啡豆外側與內部的烘焙程度一致，酸味會減緩，具有甜味。須視生豆情形去除尖銳的酸味，因此需要最終烘焙。

## ——深城市烘焙　深栗子色

**直火式烘焙機……**酸味會減緩，甜味、甘味及醇厚度則會增加。表面容易燒焦，所以須特別注意。

**熱風式烘焙機……**酸味會變淡，甜味、甘味及醇厚度則會增加。

**——法式烘焙　顏色變深但偏紅色調，油分會出現。**

**直火式烘焙機……**酸味會變淡，甜味及苦味則會增加。須留意避免出現焦臭味。

**熱風式烘焙機……**酸味會變得相當淡，優質的甜味及苦味則會增加。

**——義式烘焙　油分開始消失且顏色會變黑。**

**直火式烘焙機……**只會感覺到強烈的苦味。必須格外留意避免出現焦臭味。

**熱風式烘焙機……**只會感覺到強烈的苦味。

**【補充1】**

在淺度烘焙～城市烘焙這個範圍內經常會表現出苦味，但總是會將雜味及澀味誤以為是苦味。苦味成分從深城市烘度這等程度開始就會因熱化學反應而生成。有些人或許會誤以為雜味及澀味就是苦味，畢竟這是很容易產生的錯覺。

會感覺到雜味及澀味，可說是由於烘焙不適當所造成的，使得原本應該經熱化學反應所消滅的成分，卻直接保留了下來。

所以在進行淺度烘焙～城市烘焙的過程中，消滅這些雜味及澀味是非常重要的一件事。

**【補充2】**

或許有些讀者會因為名字的關係，以為半熱風式烘焙機類似熱風式烘焙機，其實這是錯誤的觀念。事實上半熱風式烘焙機的熱量運送方式與熱風式烘焙機完全不同。熱風式烘焙機從熱源產生的高溫熱風會被送進滾筒烘焙室中，將高溫的熱量傳遞至生豆上頭；半熱風式烘焙機從熱源產生的熱量會先將滾筒烘焙室加熱，使滾筒烘焙室吸收熱量，因此當低溫的熱風進入滾筒烘焙室內，會將不適合烘焙過程的低溫熱量傳遞給生豆。由於這些低溫傳導熱的關係，將導致熱量無法完全傳遞給咖啡豆，最終整個烘焙過程就會很容易變成熱量不足的烘焙狀態。此外為了傳遞充分的熱量而花時間進行烘焙之後，將因為高溫滾筒烘焙室所帶來的傳導熱，使得許多熱量只有傳遞至咖啡豆表面，因而形成燻臭味。再者還會同時發生一個問題，那就是由於半熱風式烘焙機的滾筒烘焙室被強力加熱的關係，所以在烘焙的後半階段即便調降火力，溫度還是會持續一路上升。因此我認為半熱風式烘焙機這種烘焙機欠缺理論的整合性。

烘焙的 4 種分類

| 高度烘焙 | 城市烘焙 | 深城市烘焙 | 法式烘焙 |
| --- | --- | --- | --- |
| 高度烘焙－－ | 城市烘焙－－ | 深城市烘焙－－ | 法式烘焙－－ |
| 高度烘焙－ | 城市烘焙－ | 深城市烘焙－ | 法式烘焙－ |
| 高度烘焙 | 城市烘焙 | 深城市烘焙 | 法式烘焙 |
| 高度烘焙＋ | 城市烘焙＋ | 深城市烘焙＋ | 法式烘焙＋ |
| 高度烘焙＋＋ | 城市烘焙＋＋ | 深城市烘焙＋＋ | |

**【補充3】**

烘焙程度一般會分成8種分類，通常會在上述4種範圍內進行烘焙。但在實際烘焙的過程中，需要更加細心的留意，而我都會依據下述基準用不同的方式進行烘焙。

在創造風味的階段，例如某一批生豆之前習慣用高度烘焙－即可達到最佳烘焙狀態，一旦換了另一批生豆，有時可能會變成在高度烘焙二才能達到最佳狀態。生豆屬於農作物，所以當換成另外一批或是採收年分一改變，一定要修正烘焙程度，以找出最佳烘焙狀態。烘焙程度也會隨季節產生變化，因為夏天容易吸收熱量，因此烘焙溫度會比冬天降低1度左右。

# VIII「最終烘焙」——高度的咖啡烘焙技巧

無須多說，想要達到專家的境界，烘焙出來的咖啡風味必須經常維持高品質的相同風味才行。這一點相當困難，對於咖啡烘焙業者而言，也是相當大的考驗。

究竟同樣的火力調整以及溫度、時間，還有即便烘焙至相同色澤了，為何每次咖啡的風味都會出現微妙差異呢？

## ——這些偏差源自烘焙機的2大特性

### ① 烘焙機保有的熱量（爐熱）

爐熱的熱量並非每一次都會一樣。因為哪怕是同一天，進行第一次烘焙、第二次烘焙、第三次烘焙，每次的鍋爐熱量都會不同。爐熱較高時，會將瓦斯關小減少熱量進行烘焙；爐熱較低時，則會將瓦斯開大增加熱量進行烘焙。無論是將瓦斯關小或開大，都會使得對流熱、輻射熱及傳導熱的平衡起變化，因此會產生烘焙不平均的情形。尤其當爐熱較高時，因為無法充分運用對流熱，因此將對風味造成很大的影響。

### ② 排氣量無法穩定。

烘焙室內的壓力會因為窗戶的開關狀態起變化，因此排氣量也會發生變化。當烘焙室為密閉狀態時，室內呈現負壓，排氣量會變少；當窗戶打開至適當的狀態時，室內呈現正壓，便可正常排氣。此外排氣量也會因戶外的風或氣壓變化而有所轉變。說實在話，烘焙機的排氣量其實是隨時都在變化的。另外補充一點，滾筒烘焙室每轉動一圈，咖啡豆也會因滾筒烘焙室內的攪拌葉片，將空氣擠壓出來，雖然並不明顯，但是經過3次左右，排氣量就會起變化。

排氣量也會因室內溫度及濕度的變化而逐漸轉變。所以即便是同一天，在不同時間出現溫度及濕度變化的話，排氣量也會改變。當室內溫度一升高，烘焙所需的熱量就會減少。當室內濕度一變高，為使水分蒸發便需要較多的熱量。

方才說明的狀態，以及因烘焙時間差異等因素，都會造成咖啡豆烘焙出現偏差，而修正這些偏差的步驟便稱作最終烘焙。烘焙的偏差，也意指即便表面上看起來沒什麼兩樣，但是咖啡豆內部的烘焙程度還是會有差異，當然風味也會不同，因此須逐步透過最終烘焙修正風味，使咖啡豆每次都能穩定地烘焙出相同的風味來。

## ——最終烘焙的效果

最終烘焙可達到下述5種效果。

1 達到理想中的豆色、光澤、膨脹程度。
2 減少咖啡豆外側與內部烘焙程度的差異。
3 去除尖銳的酸味，使酸味變淡。
4 釋放出甜味。
5 減少雜味與澀味。

## ——最終烘焙的時間

如下圖所示，若將瓦斯壓力降至最低，雖然同樣會受到投入生豆量而有所影響，但是大約在

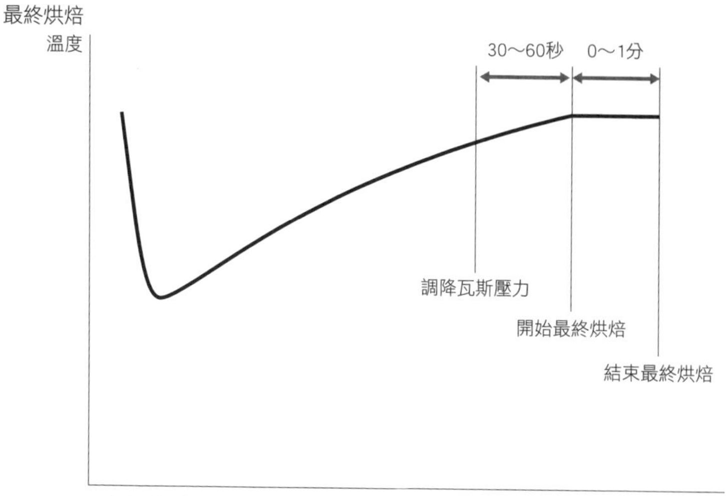


＊本公司調查結果

30～60秒內，溫度上升情形就會停止下來。由於在這個時機點會進行某種程度的最終烘焙，因此出爐時間須視生豆種類或烘焙狀況作判定。

當溫度上升情形停止之後，請一邊觀察咖啡豆的狀態，再進行10秒～1分鐘左右的最終烘焙，接著就可以出爐了。

如果使用的是日本製且滾筒烘焙室厚度較薄的烘焙機，一旦溫度上升情形停止後，溫度就會開始下降，因此在溫度上升情形快要停止之前，最好應稍微調高瓦斯壓力。

假使用來烘焙的是外國製半熱風烘焙機，滾筒烘焙室具有一定的厚度，但由於滾筒烘焙室的蓄熱與釋放出來的熱量較強，即便調降瓦斯壓力後，溫度上升情形也不容易停止下來，所以最終烘焙通常無法期待出現任何效果。

- 一般來說，進行10~30秒左右的最終烘焙，即可修正烘焙的偏差情形。且應頻繁用取樣勺取出咖啡豆檢查顏色、膨脹程度、皺摺拉平程度、香氣，當感覺咖啡豆已經完成烘焙的當下，即可出爐。這個過程需要經驗，在熟練之前，最好應決定在10秒或20秒後出爐。
- 透過日曬處理法而成的咖啡豆，以及中美洲生產的咖啡豆並不容易出現雜味或澀味，因此並不需要最終烘焙。
- 巴西的全水洗式咖啡豆以及半水洗式咖啡豆，一旦進行高度烘焙便容易出現強烈的雜味，所以須進行1分鐘左右較長時間的最終烘焙。當咖啡豆膨脹且皺摺拉平後，不好聞的雜味便會消失，此時即可出爐。

## IX 咖啡烘焙的黃金線

## 咖啡烘焙的黃金線

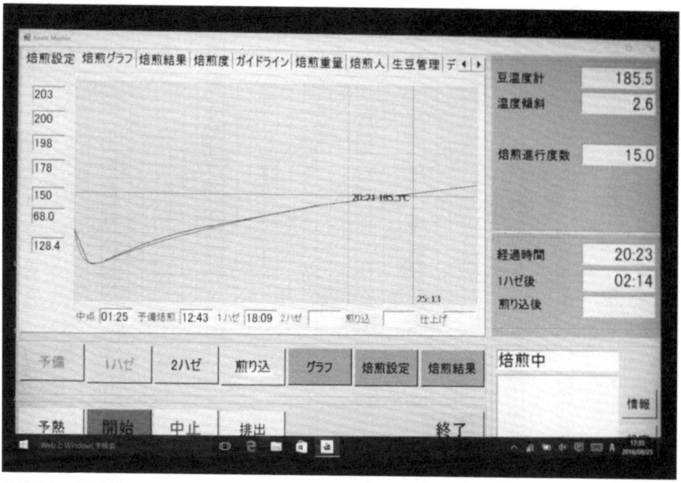


所謂咖啡烘焙的黃金線，就是將咖啡豆在進行充足的熱化學反應時所需的必要溫度與時間，歸納成圖表加以可視化的數據資料。

「完全烘焙」存在著所謂的黃金線，縱使這條黃金線會因咖啡豆的種類或是烘焙程度而異，但是基本上大同小異。無論使用哪一台烘焙機，都存在著與烘焙方法相對應的黃金線。只要正確操縱風門，並依循著這條烘焙線進行烘焙的話，幾乎就能實現完全烘焙了。或許大家會質疑，不同的咖啡豆其烘焙時間不是應該不一樣嗎？但其實在這個地方有一個陷阱在等著大家。的確，若以相同熱量進行烘焙的話，體積大的咖啡豆或是水分含量多的咖啡豆其烘焙時間會變長，體積小的咖啡豆或是水分含量少的咖啡豆其烘焙時間則會變短。但是以後者為例，烘焙時間減少的部分最後將造成熱量不足的情形，並演變成不完全烘焙，所以才會對風味出現影響。倘若你在烘焙的是巴西咖啡豆，且排斥咖啡豆殘留雜味的話，只需改善烘焙時間即可。

## ——黃金線與數據資料的收集

請大家善加利用附錄中的「烘焙記錄表格」，將自認為烘焙成果不錯的記錄作為黃金線的基準溫度填寫於記錄表格上，並在下方的溫度欄位中填入實際的溫度，這樣就能進行縝密的咖啡豆烘焙了。此時務必將風門及瓦斯壓力也一同記錄上去。表格設計成可每隔1分鐘填寫記錄，但是首先有一大前提，那就是每次都須專心一致地進行烘焙，所以不妨每隔2分鐘填寫記錄，未記錄的部分之後再補寫上去即可。特別注意事項也是一樣。

一步步收集每次的烘焙數據是非常重要的一件事。想當然爾，老是漫不經心地重覆一次次的烘焙動作，烘焙是無法出現任何進步的。光是每天的氣候條件都會出現極大差異，因此不可能都用相同條件進行烘焙，但是在此同時如能累積各種不同的烘焙數據資料，便能在需要瞬間判斷的風門操縱以及瓦斯壓力微調部分，作為判斷時的參考依據，也能使烘焙作業更具效率。

## ●烘焙記錄表格

| | | | | | | | | | | | | | | |
|---|---|---|---|---|---|---|---|---|---|---|---|---|---|---|
| 月　　日 | | | 第　　次 | | 意見： | | | | | | | | | |
| 品　名： | | | | | kg | | | | | | | | | |
| 烘　焙：□中等　□高度　□城市　□深城市　□法式　□義式 | | | | | | | | | | | | | | |
| 狀　態 | | | | | | | ○ | | | | | | | |
| 分　鐘 | 0 | 1 | 2 | 3 | 4 | 5 | 6 | 7 | 8 | 9 | 10 | 11 | 12 | 13 |
| 基準溫度 | | | | | | | | | | | | | | |
| 溫　度 | | | | | | | | | | | | | | |
| 上 升 率 | | | | | | | | | | | | | | |
| 瓦斯壓力 | | | | | | | | | | | | | | |
| 風　門 | | | | | | | | | | | | | | |
| | | | | | | | | | | | | | | |
| 狀　態 | | | | 1H | | | | 高度 | 2H 城市 | 深城市 | | 法式 | | |
| 分　鐘 | 14 | 15 | 16 | 17 | 18 | 19 | 20 | 21 | 22 | 23 | 24 | 25 | 26 | 27 |
| 基準溫度 | | | | | | | | | | | | | | |
| 溫　度 | | | | | | | | | | | | | | |
| 上 升 率 | | | | | | | | | | | | | | |
| 瓦斯壓力 | | | | | | | | | | | | | | |
| 風　門 | | | | | | | | | | | | | | |
| | | | | | | | | | | | | | | |

＊本公司製作

接下來要談的內容有些離題，那就是最近我有了不同以往的體認。通常腦筋稍微靈活的人，為了早日精通咖啡豆的烘焙，在學習到某種程度的烘焙技能後，總會完全卸下心防，進而變成老在胡思亂想，不知不覺陷入迷思當中，導致無法維持穩定的風味，其至有人連品質下降了還全然不知。

反觀在任何工作領域能夠出名的專家，似乎多為頭腦原本不怎麼靈光的人，例如一開始看起來「很不可靠」的學員，一陣子不見他之後，竟然出現了驚人的成長，有時由他烘焙出來的咖啡豆，甚至能讓人煮出一杯無可挑剔的美味咖啡。每次品嚐到這種咖啡的時候，我都會非常開心自己曾經指導過這個人如何烘焙咖啡。

雖然有點畫蛇添足，但其實我在約莫2年前，曾在GRN的完全熱風式烘焙機上安裝過一個裝置，這個裝置就是透過平板電腦仿照黃金線的圖表進行烘焙。這個裝置可顯示出黃金線與實際烘焙線，因此能瞬間辨識烘焙的偏差情形。在這個裝置研發出來之前，我有一名徒弟在開店後的1～2年仍舊無法穩定地烘焙出咖啡豆，直到使用這個裝置之後，才得以從頭進行穩定的烘焙。

# Ⅹ 終極的咖啡烘焙取決於理論及經驗

咖啡的烘焙有些地方與釀酒十分相似。須經過材料的篩選、經過所謂烘焙的流程後，才得以成就一杯咖啡，但是如何發揮材料的魅力，則端看你如何烘焙。以日本酒來舉例說明，長久以來有所謂杜氏這個專家稱號的存在，但是近年來日本酒的釀造已經研究出一套科學性的釀造方式，得以隨時釀造出最佳品質的日本酒，因此杜氏的必要性就變得不再重要了。由我所提出來的完全烘焙，也有其溫度及時間的黃金線，因此可說不再需要單靠有經驗的人才能進行咖啡豆的烘焙。但是咖啡豆的烘焙與日本酒的釀造都是一樣的道理，從製造過程至最後調整的步驟為止，必須是相當熟練的人，才能分辨微小變化與確認風味。在烘焙的過程中，雖然可以達到正確的溫度與時間，但還是需要知識及經驗，才懂得如何進行風門的微調。此外咖啡豆的收縮、膨脹、皺摺拉平程度、色澤變化、香氣變化等各方面，也都需要細心地觀察。接下來在最後的出爐階段，如何判斷時機點也需靠經驗的背書。烘焙雖然是依照科學性的理論在進行，但是最終的風味則須取決於經驗加以判斷。

# XI 品味咖啡——磨練感性，開發味道及香氣

## ——風味與香氣具有密切關係

無論是咖啡或是其他飲品食物通通一樣，捏住鼻子吃下肚的話，將完全嚐不出味道，這是因為食品的風味不單單靠舌頭辨識，也會經由鼻子來感覺。不過咖啡有別於料理等食物，並無法在烘焙到一半時試味道。但是不能確認味道好不好將無法實現完美的烘焙。所以我在一次烘焙的過程中，從頭到尾都會頻繁地用鼻子聞一聞咖啡豆的香氣。不斷累積這種經驗之後，就能將龐大的香氣記憶刻劃在腦海裡。於是光用鼻子聞香氣就能掌握烘焙的狀態，想像出烘焙完成之後的風味。如能藉由香氣就知道風味如何的話，應該就能稱得上一名優秀的烘焙家了。

## ——測試的方法與注意事項

經營自家咖啡烘焙店，請為了客人著想，在咖啡豆烘焙完成之後進行測試，而且應在烘焙後以及經過1～3日後進行2次測試。在「咖啡烘焙機的種類與特性」此一章節中已為大家說明過

明過了，剛剛烘焙好的咖啡，在化學反應下會產生甘味及香味成分，但是在此同時被壓縮後的二氧化碳當中，也會殘留澀味、嗆味等雜味成分，因此還要經過數日，這些雜味成分才會自然而然釋放出來，所以須事先了解這些狀況。由於咖啡的風味具有雜味成分，因此甘味及香味成分會受到干擾，感覺會變得淺薄一些。我曾用過「走味」這個形容詞來表現，指的就是這種情形。在第2次測試時，雜味成分大部分都會消失，呈現出原本的風味。不斷累積這2次的測試經驗後，日後總有一天可以單靠第1次的測試，便得以預測出2～3天後的真正風味。條件如果允許的話，在烘焙1週後、1個月後也應進行測試，以便比較經過一段時間後的變化。經正確方式烘焙出來的咖啡，其風味的劣化情形較為和緩，即便是烘焙過後放置1個月的咖啡，品嚐起來依舊美味。

這些測試後的結果最好每次都要寫在筆記上，或是鍵入電腦中存檔。而且建議大家用符合自己感性的文字來表現，以便日後檢視時有助於重拾記憶。

## ——測試前順便觀察咖啡豆的狀態

在測試之前，也能透過咖啡豆的狀態、磨豆時的聲音以及香氣進行確認。首先在磨豆前，須觀察顏色、光澤、膨脹程度、皺摺拉平程度、重量、硬度。這個觀察動作可在某種程度判斷是否達到完美的烘焙。其次應聆聽磨豆時的聲音，如為膨脹程度理想的咖啡豆，磨豆聲音較為柔和；如為膨脹程度不理想的咖啡豆，磨豆聲音則會感覺僵硬。接下來，請確認磨豆時的香氣，透過香氣的品質，也能一窺烘焙的狀態。

## ——測試的步驟

在這之前的檢查工作皆完全結束後，終於要進行測試了。一般來說，有一種方法稱作杯測，透過這個方法可十分有效率地進行許多咖啡樣本的測試工作。不過要提醒大家，這個方法所萃取出來的咖啡並非咖啡原始的風味，所以不算是正確的測試方式。咖啡必須透過正確方式萃取出來後再進行測試，這樣的測試方式才算正確。

1 不要將萃取出來的咖啡重新溫熱，直接注入透明的玻璃杯達一半高度左右。

2 等待咖啡降溫至60～70℃的微溫狀態。在這個溫度帶才能正確掌握風味及香氣。

3 透過玻璃杯觀察水色。透明度高的打◯，如果呈現混濁的話，代表含有大量澀味成分的單寧，所以打╳。

4 將鼻子靠近玻璃杯檢查香氣。此時會散發出每種咖啡的特徵，所以請用自己的語言加以表現出來。

5 有些人會像紅酒的侍酒師一樣，用湯匙啜飲咖啡，但是咖啡溫度較高，所以並不需要這麼做，這麼做反而看起來很滑稽。請依照正常方式含在口中，用整個舌頭感覺即可，但也會因人而異，有時容易出現雜味及苦味的錯覺。風味並不需要依照書上所寫的方式來表現，千萬不能被舊觀念給限制住，而應用自己的語言，直接將感受到的感覺表現出來加以記錄即可。因為這樣感性才能一步步被磨練出來。

## 測試的步驟

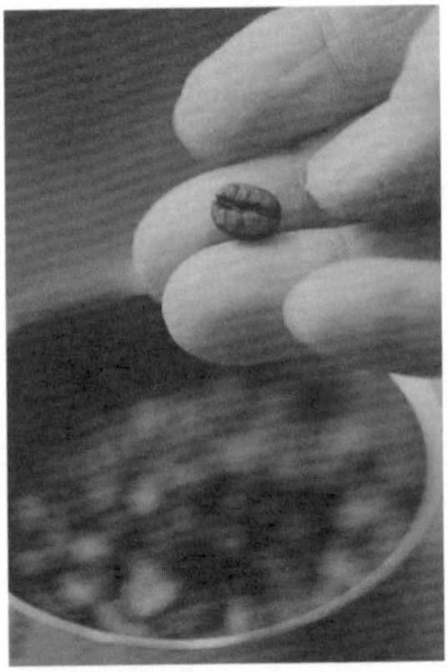

❶ 觀察顏色、光澤、膨脹程度、皺摺拉平狀態、重量、硬度。

❷ 磨豆前及磨豆後都要檢查香氣。

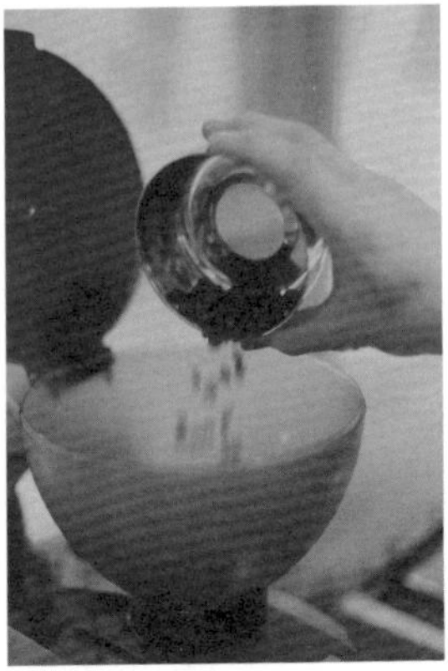

❸ 磨豆。磨豆時須檢查香氣及磨豆聲

❹ 以85～90℃的熱水萃取。

❺ 將咖啡注入透明玻璃杯內，等待降溫至60～70℃。

❻ 透過玻璃杯檢查水色。

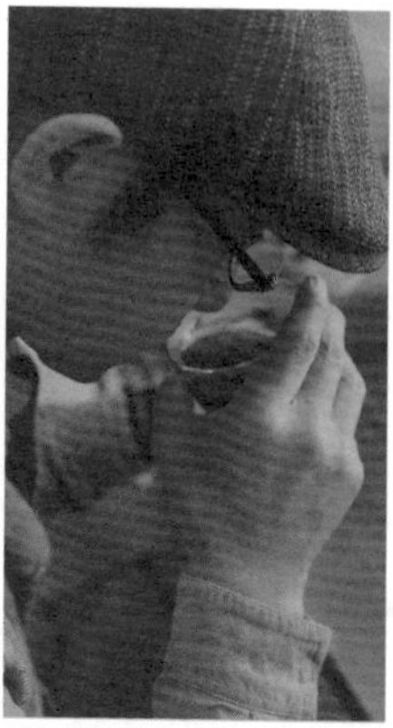

❼ 將鼻子靠近玻璃杯檢查香氣。

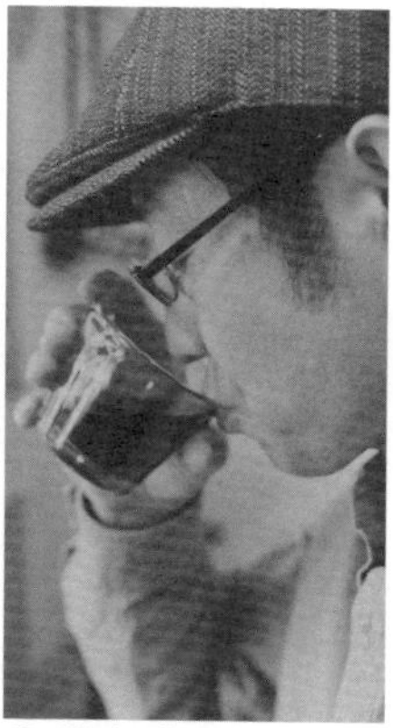

❽ 將咖啡含在口中，確認風味及香氣。

❾ 將自己的感受一五一十地記錄下來。

## XII

# 咖啡烘焙機使用時間愈久，烘焙特性將發生變化

### ——每台烘焙機的排氣風扇及滾筒烘焙室都有個別差異，有時轉動速度會變快

排氣風扇以及滾筒烘焙室的馬達當中，具有捲繞上銅線的線圈。而在製造的過程中，用機械捲繞線圈時就會出現個別差異。因此即便是同一機種，每台排氣風扇的排氣強度都會不同，每個滾筒烘焙室的轉動次數也會不一樣。此外在使用的期間，線圈的通電性會變好，所以有些排氣風扇的排氣功能會變強，某些滾筒烘焙室馬達的轉動次數則會變多。

大家必須了解一點，烘焙機的排氣風扇以及馬達都有個別差異，在使用的過程中，其能力更會產生變化。排氣風扇在重覆使用的期間，被排出的粉塵或油脂成分等異物會隨著每次烘焙逐漸附著在排氣風扇上。雖然會視每天的烘焙次數而有所不同，但是幾個月使用下來，當粉塵等異物附著後，排氣能力就會慢慢變差。排氣能力變差所出現的影響，可透過將風門整體位置往開啟的方向挪動加以因應。但是當排氣風扇的排氣能力降低超出一定的程度時，將無法再正常

操縱風門。為使烘焙能在穩定的狀態下進行，當發現風門的正確位置改變時，請著手清理排氣風扇的馬達。

## ——使用時間愈久，有時咖啡豆溫度計的熱電偶對於溫度的靈敏度會變差

咖啡豆溫度計是將熱電偶這種熱感應器設計在烘焙機的面板中，用來測量豆溫的構造。這個熱電偶使用幾年過後，靈敏度會逐漸衰退，有時顯示出來的溫度會比過去來得低。雖然每台機械都有所差異，但是只要使用5～6年後，靈敏度就會變差，所以此時最好盡早更換。

## ——附著的油分或粉塵將使排氣減弱

排煙管、銀皮收集桶以及排氣風扇在使用的過程中，油分及髒汙逐漸附著後將造成排氣負擔，導致排氣效果慢慢變弱。在一週的時間內變化還看不出來，經過約莫3～4個月後排氣能力將會衰退，進而對烘焙造成莫大影響。因此每年需將烘焙機分解開來進行3次的清掃。由於一次將這3個地方清掃乾淨的話排氣強度會變大，同樣會造成莫大影響，使烘焙作業變得棘手，因此建議大家這3個地方應分別間隔一段時間，再一處處逐一清掃。

## XIII 同一台咖啡烘焙機的烘焙特性，也會因場所及安裝狀況而出現變化

### ——排氣風扇在50 Hz與60 Hz下的排氣強度並不一樣

日本的電氣頻率在西日本為60 Hz，東日本則為50 Hz。也就是說，在西日本的馬達輸出功率為東日本的1．2倍。對於一般的烘焙機來說，無論西日本或東日本使用的都是相同的排氣風扇，因此追根究底在烘焙上也會有所影響。大家往往會以為透過風門的操縱即可解決這種情形，但是當排氣愈強，愈難進行微細的排氣調整。另外附有變頻器的烘焙機因為可以調整頻率，所以這種烘焙機的優點就是在精密調整排氣風扇的頻率後，即可作出最佳的排氣設定。

### ——排氣風扇的種類與特徵

通常烘焙機都會使用耐熱 Plate fan 這種特殊的排氣風扇。透過瓦斯進行咖啡烘焙時，會排出大量的銀皮、粉屑、油分及水分。所以如果使用一般的 Sirrocco fan 或 Turbo fan，扇葉（羽翼）

容易附著上述異物而造成堵塞。此外排氣風扇會有高溫的熱風通過，所以風扇材質必須符合耐熱的條件。

耐熱 Plate fan 一般有下述這幾種。大家也必須了解，50 Hz與60 Hz的最大風量會有所差異。

**各種耐熱 Plate fan 輸出功率的東西差異**

| | 消耗電力（W） | | 電流（A） | | 最大風量（m³/ min） | | 連續最大吸氣溫度（℃） |
|---|---|---|---|---|---|---|---|
| | 50Hz | 60Hz | 50Hz | 60Hz | 50Hz | 60Hz | |
| A | 110（125） | 140（125） | 0.6 | 0.6 | 4.0 | 5.0 | 250 |
| B | 120（125） | 170（125） | 0.85 | 0.9 | 6.5 | 8.0 | 250 |
| C | 200（200） | 290（200） | 0.9 | 1.1 | 7.5 | 9.0 | 250 |

＊ A 公司為耐熱 Plate fan
＊消耗電力欄中的（　　）為顯示出來的輸出功率。

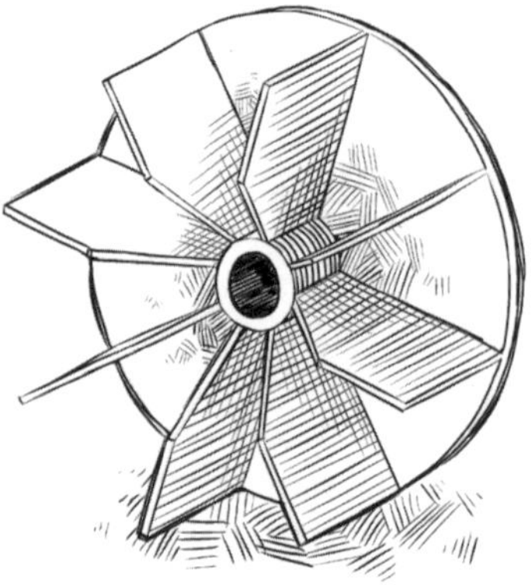


排氣風扇會依其內部的扇葉（羽翼）形狀分成下述這3種，每種性質皆不相同，適合烘焙機使用的為Plate fan。

## ● Plate fan

由於構造單純且扇葉數量少，適合用來抽吸粉塵以及粉體等異物。雖然排氣效率較其他風扇差，且噪音又比較大，但是不容易堵塞，所以適合用於烘焙機。

## ● Sirrocco fan

普遍作為一般氣體的送風機使用。體積小且低噪音又高輸出，但是容易附著粉塵，因此不適合用於烘焙機。一部分的小型烘焙機有

Turbo fan

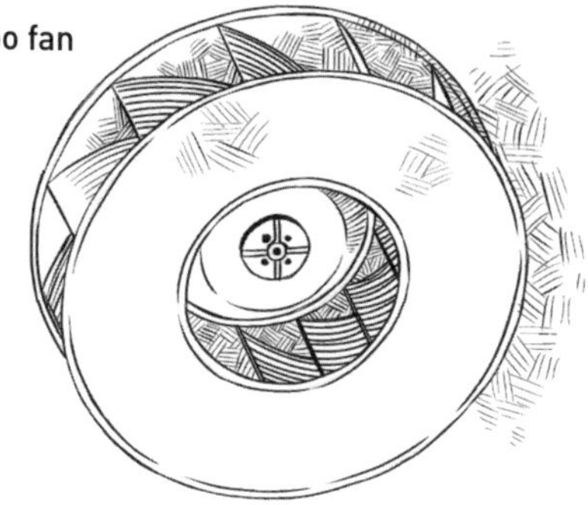

時會使用這種排氣風扇，但是粉塵堵塞在葉片上的速度超乎想像中的快，必須頻繁清理。

## ● Turbo fan

輸出效能最佳，與 Sirrocco fan 一樣容易附著粉塵，因此不適合用在烘焙機上。

## ——煙囪的高度將大大改變排氣能力

煙囪是利用溫度高的空氣比溫度低的空氣輕而會上升的特性，以促使排氣的構造。此時當煙囪縱長愈長時，其對流就會變強，這種現象稱作煙囪效應。通常如果烘焙機的煙囪位在二樓的屋頂上（煙囪的縱長為4～5公尺）時便不成問題，但是當煙囪超出這個高度之後，在煙囪效應影響下會使得排氣變強，進而對烘焙造成嚴重影響。

煙囪效應會與煙囪直徑的平方呈等比例增強，因此煙囪的大小必須符合烘焙機的排氣量，請避免使用過粗而不適合烘焙機排氣量的煙囪。當煙囪過粗時，有時內含於排氣當中的水蒸氣會冷卻，因而產生過多的水分流出。

例：煙囪直徑達2倍時，煙囪效應將變成4倍。

## ——煙囪及排煙管的大小與排氣流速之間的關係

流經排煙管裡頭的空氣速度，與排煙管直徑的平方呈反比。當排煙管內部的空氣流速變慢，內含於排氣當中的油分及粉塵便容易附著於壁面。因此當位在銀皮收集桶前方的排煙管口徑超出烘焙機的排氣量所需時，將使必要的流速降低，導致油分以及粉塵等異物極端容易附著。因此在安裝排煙管時，大小必須適合烘焙機的尺寸才行。例：排煙管口徑達2倍的話，流速就會變成4分之1。

# XIV 隔熱效果對於咖啡烘焙的影響

烘焙機有分成滾筒烘焙室周圍具隔熱構造與不具隔熱構造這2種類型。如為不具隔熱構造的烘焙機，只要一碰觸到就會燙傷，因此請格外小心。尤其是不鏽鋼的面板，溫度會變得非常高。老實說過去我也曾因為不小心而燙傷過好幾次，身上還留有燙傷的痕跡。不具隔熱構造的烘焙機，其散熱情形會在不具隔熱構造的部分變得更為劇烈，這時候夏天就像有開暖氣一樣，十分酷熱。不過最大的問題則會發生在冬天，由於一到冬天烘焙機的散熱會加劇，因此烘焙機的熱量恐會失去平衡，而對烘焙過程造成干擾。這就是在季節轉換之際，烘焙會出現偏差的其中一個原因。散熱情形愈明顯，瓦斯的使用量也會變多。如果具有隔熱構造的話，即便碰觸到也不會燙傷，而且散熱情形較不明顯，因此四季都能進行穩定的烘焙。

## XV 銀皮收集桶的構造

咖啡豆的表面會有銀皮附著在上頭，雖然會在精製時去除掉，但仍會殘留不少。銀皮收集桶就是用來收集烘焙過程中所剝落的銀皮。銀皮收集桶須為密閉的裝置，倘若不密閉的話，將發生下述這些問題。

1 空氣會從隙縫進入，當隙縫愈大排氣就會愈弱。

2 會降低銀皮收集桶的效果，有時銀皮會竄到煙囪去。

3 集塵桶呈密閉狀態的銀皮收集桶為無氧狀態，一旦有縫隙的話，內含氧氣的空氣將從此處進入，恐將造成裡頭的銀皮著火。尤其是直火式烘焙機，必須特別小心才行。

銀皮收集桶密閉狀態不完全的烘焙機，只須用鋁箔膠帶將隙縫處黏貼起來加以阻隔，即可解決上述的問題點。

## XVI 天然氣與桶裝瓦斯的差異

### ——瓦斯熱量不同

天然氣的熱量約為桶裝瓦斯的70%。因此以天然氣為例，位在熱源根部釋放瓦斯的噴嘴孔洞通常會較大，設計成可排出2倍瓦斯量的構造。結果將導致在相同的瓦斯壓力下，使用天然氣時的熱量將變成採用桶裝瓦斯時的1.4倍。

計算公式　0.7×2＝1.4倍

### ——瓦斯所產生的水分

桶裝瓦斯1kg會產生24000Kcal／h、3200g的水分。

舉例來說，用5公斤容量的GRN完全熱風式烘焙機烘焙1次咖啡豆時，會消耗2400Kcal，所以會產生320g的水分。

使用天然氣的話，熱量為70％、含水量為150％，因此會產生大約2倍的水分。

天然氣的內部壓力會大於桶裝瓦斯的原因，是因為這些瓦斯內含的水分有所差異的緣故。真要說哪一種瓦斯適合烘焙咖啡豆的話，我認為只要曾經實際使用過這二種瓦斯進行烘焙，在不同的含水量下多多少少都會感覺內壓不同，但是並無太大差異。因為一般的生豆裡頭便含有12％的水分，所以5公斤左右的生豆裡頭就會含有約600g的水分。

在烘焙的過程中，內部壓力會上升是由於瓦斯燃燒導致空氣及水蒸氣膨脹，以及內含於咖啡豆的水分變成水蒸氣而膨脹所造成。於是內部壓力會隨著溫度上升而升高，將瓦斯壓力調降後內部壓力便會下降。所以當咖啡豆的水分在逐漸消失的過程中，內部壓力也會慢慢下降。就像這樣，內部壓力會在好幾種要素交相影響下而產生變動。我也有製造不會產生水分的電機式烘焙機，但其實烘焙出來的咖啡與瓦斯式烘焙機沒什麼分別。真要挑出有哪裡不同的話，頂多就是在法式烘焙這部分，容易因電氣的熱源導致燒焦，所以必須留意，僅此而已。

另外在氣溫30度、濕度80％的狀態下，假設烘焙一次咖啡豆就會有34000公升經加熱後的空氣通過的話，空氣中內含的水分約有816g。

計算公式　30g（飽和水蒸氣量）×0・8×（34000公升÷1000公升）＝816g

在氣溫20度、濕度50％的狀態下，約有221g。

計算公式　13g（飽和水蒸氣量）×0・5×（34000公升÷1000公升）＝221g

像這樣在烘焙過程中想使水分在接近200度左右蒸發的話，需要許多熱量，所以即使瓦斯的種類或溫度、濕度不同，烘焙所必需的熱量還是會有所變化。

# XVII 各種咖啡烘焙理論與驗證

## ——各種烘焙方法的現實面

世界上有無數人在進行各式各樣的烘焙法，當然每一個人都會在烘焙上下工夫，彼此切磋琢磨，這也是讓烘焙技術更加進步，使咖啡產業蓬勃發展不可欠缺的一環。然而，正如我不斷提醒過的重點一樣，累積經驗值所歸納出來的烘焙法，一旦烘焙機安裝在其他環境下時，將無法適用。本章節將針對過去曾經發生，由憶測或迷思中所歸納出來的理論逐一解說。

### 【驗證1】改造成遠火的大火就能烘焙出好咖啡

我在指導學員如何烘焙咖啡而來到委託人的店裡時，有時會看見烘焙機被改造成遠火的大火。大家應該是參考了眾所皆知的那句話：「雞肉串燒要使用炭火並用遠火燒烤」，但是站在烘焙咖啡的角度而言，這種改造卻是大錯特錯。當熱源遠離滾筒烘焙室時，熱量會不足，以致於滾筒烘焙室內的溫度上升情形變得不理想，所以就會出現轉成大火的需求。一旦轉成大火，所產生的熱風量就會變多，接下來又得配合這種情形而出現增強排氣的需求。這麼做的確也有它的優點存在，例如熱風所帶來的對流熱會變多，有助於烘焙的進行。總而言之就是在模擬熱風烘焙的方式進行烘焙。這在淺烘焙時，於某種程度來說是相當有效的作法，但在2爆以後將不容易上色。想讓咖啡豆上色的話，必須使豆溫超過正常狀態呈現高溫才行。這時候在法式烘焙的階段會有咖啡豆燒焦的疑慮。而且一旦用大火烘焙後，熱量會傳遞至烘焙機本體上，使烘焙機本身的溫度變高。此時爐熱會升高，在這種情形下，進行第2次以後的烘焙時，傳導熱及輻射熱將增強，進而影響烘焙完成後的咖啡豆風味。回到前面的話題，那麼為什麼雞肉串燒得使用炭火，並用遠火燒烤才會好吃呢？

這裡有二點理由。

第一個理由，瓦斯爐火不同於炭火，瓦斯爐火含有許多水蒸氣，但是炭火幾乎不含水蒸氣。透過炭火這種乾燥的高溫熱風烘烤的話，可有效率地傳遞熱能。第二個理由，因為改成遠火可利用對流熱來加熱。在這二點理由之下，雞肉串燒才能烤得美味，所以絕非遠紅外線的效果。

## 【驗證2】使用炭火烘烤就會出現遠紅外線，而能烘焙出美味的咖啡嗎？

有些烘焙機或是炭火烘焙機，會吹噓可透過遠紅外線使熱量滲透至咖啡豆的內部，而得以烘焙出美味的咖啡來，但是這是真的嗎？大概有99．99％的人，都相信遠紅外線的熱能可以滲透進物體內部，但是這點其實毫無科學根據。因為遠紅外線頂多只能到達距離物體表面0．1～0．2公釐的程度，可說這樣的效果只會讓表面稍微燒焦而已。遠紅外線屬於電磁波的一種，具有類似電波的特性，其波長大約為4～1000㎛（Micrometer＝微米）＝0．004～1公釐。電磁波的特性是讓分子振動誘使發熱，實際上能看出效果的就是微波爐這類的微波，其波長約有120公釐。

因此，在烘焙這方面來說，遠紅外線幾乎無法有所助益。反而是因為將熱源改成炭火後，由於產生的水分極少，所以才能烘焙出好喝的咖啡。不過產生極少量水分的這點優勢，當熱源改用電氣時也同樣辦得到。

## 【驗證3】直火式烘焙機烘焙出來的咖啡風味更多層次，所以優於其他烘焙機

用直火式烘焙機烘焙咖啡豆時，具有先行烘焙表面，接著再烘焙咖啡豆內部的傾向。簡單來說的話，就是在深城市烘焙時，外側會呈現深城市烘焙，內部則為城市烘焙，而中心部位卻是

高度烘焙的狀態。我將這種烘焙狀態稱作漸進式。透過這種漸進式烘焙，在淺烘焙的部分會品嚐到酸味，在中烘焙的部分會品嚐到甜味，在深烘焙的部分則會感覺到甘味及醇厚度，所以味道會具有更多層次，但卻會喪失原本雅緻的細膩風味。進行城市烘焙時，咖啡豆的中心部位容易變成熱量不足的狀態，此時會感覺到生臭味、澀味、雜味（也有人說是苦味）等不宜人的風味。即便為法式烘焙，咖啡豆內側的烘焙程度也會不足，而殘留較多的酸味。

曾經有人向我請教過一個問題，即使他用直火式烘焙機以相同時間與相同溫度烘焙成相同顏色，但是每次風味都會改變，原因便出在縱使外側呈現相同顏色，但是內側的烘焙進展程度卻不一樣的關係。想要消除這種烘焙偏差，藉由縝密的排氣控制與最終烘焙即可達到某種程度的修正。

對於烘焙的錯誤知識會使人在烘焙時形成瓶頸，深信毫無根據的理論並無法烘焙出好喝的咖啡。

### 【驗證4】在烘焙前半段應關閉風門，以蒸煮方式烘焙咖啡

瓦斯爐火式的烘焙機由於內含於瓦斯中的水分多，所以常會在大量水蒸氣中進行烘焙。而關閉風門蒸煮咖啡的這種觀念，實在欠缺根據。將風門從正確位置稍微關小一點，使滾筒烘焙室

內部呈現正壓之後，熱量的吸收的確會變好。不過若是將風門關閉超過上述程度之後，將發生重大問題。將風門關閉超出所需時，由於排氣量減少，經由瓦斯燃燒所產生的熱量在進入滾筒烘焙室時將出現受阻的症狀。首先當進入滾筒烘焙室的熱風量變少，溫度上升率就會下降，於是無法完成進入滾筒烘焙室內的熱量，將逐漸囤積在滾筒烘焙室外。結果將進而加熱滾筒烘焙室及烘焙機本體上的鐵件部分，在風門打開時，蓄積於滾筒烘焙室及烘焙機本體上的熱量將一口氣竄入滾筒烘焙室內，造成溫度急劇上升。

## 【驗證5】烘焙機的滾筒烘焙室1分鐘內會轉動60次

一般都會聽說滾筒烘焙室在1分鐘內會轉動60次。但是如為大型烘焙機的話，依照這種轉動次數將導致圓周速度變快，於是離心力會增強，使咖啡豆貼在壁面上，妨礙滾筒內的攪拌情形。當然這也與烘焙機滾筒烘焙室的扇葉構造有關，但是必須參照下述數據，當烘焙機滾筒烘焙室的直徑愈大，滾筒烘焙室的轉動次數便須隨之減少。

（參考）GRN熱風烘焙機滾筒烘焙室的轉動速度

10公斤鍋爐　轉動46次／分

圓周速度＝39cm（內徑）×3・14×46÷60＝94cm／秒

5公斤鍋爐　轉動60次／分

圓周速度＝30cm（內徑）×3・14×60÷60＝94・2cm／秒

3公斤鍋爐　轉動70次／分

圓周速度＝25cm（內徑）×3・14×70÷60＝92cm／秒

# XVIII 我的咖啡烘焙範例

接下來要介紹我在烘焙咖啡豆的實際情形，請大家作為參考。

**●哥倫比亞（鐵比卡種）**

哥倫比亞的鐵比卡種是在海拔較高的地方所採收下來的咖啡豆，體積比一般的咖啡豆小，瑕疵豆也少，屬於品質最佳的哥倫比亞咖啡。酸味平穩且具有優質的甜味與濃重的醇厚度，更重要的是具有質感。所謂的質感，意指味道具有厚度。內含各種味道且分量十足的咖啡，會被形容為質感飽滿；缺乏各種味道且分量不足的咖啡，則會被形容為質感空虛。

**烘焙……**接近深城市烘焙。酸味較少，特色在於具有優質的甜味、醇厚度及質感。

**法式烘焙……**特色在於具有優質的苦味及甜味，再加上醇厚度及質感。醇厚度就是甜味、甘味及苦味呈現恰到好處的平衡狀態。

＊鐵比卡種的哥倫比亞咖啡，無論在城市烘焙～法式烘焙的哪個領域，都能呈現出美好的風味。

＊哥倫比亞咖啡豆的注意事項

鐵比卡種與卡杜拉種，以及波旁種與卡杜拉種等混合的咖啡豆當中，有些會呈現非常平衡的風味。市面上流通量最大的變種哥倫比亞咖啡以及卡斯提優咖啡等雜交種咖啡，許多都會具有強烈的酸味、雜味及澀味。

卡杜拉種等咖啡在2爆以後很多都會出現土臭味（容易誤認成具醇厚度），所以必須特別留意。

**●瓜地馬拉（波旁種）**

瓜地馬拉的波旁種，其最大特徵可說是具有相當協調的酸味、甜味及醇厚度。

**烘焙……**臨界2爆的城市烘焙。

產生優質酸味的同時也具有甜味，風味十分平衡。感覺酸味較強的時候，可進行2爆。

＊瓜地馬拉咖啡豆的注意事項

以安地瓜、弗賴哈內斯、韋韋特南果、阿蒂特蘭湖、科萬、聖馬可斯、新東方等產地最為知名。瓜地馬拉咖啡尤其會因為產地及莊園的不同而出現各種風味，在選擇上非常困難。

產自安地瓜的波旁種具有特別優質的酸味，但是其中也會出現酸味過強的咖啡豆，所以須特別注意。

**●秘魯（波旁種、卡杜拉種）**

**烘焙**……出爐2爆或是2爆後為最佳烘焙狀態。

不但酸味恰到好處，甜味及醇厚度的平衡性可說皆相當理想。

**●巴拿馬（藝伎種）**

**烘焙**……在高度烘焙下會出現莓菓類的風味。

未經最終烘焙也不會出現雜味。即使短時間烘焙也會出現莓菓的風味，但是說實話會變成僅有酸味的單調味道，所以花費20～22分鐘進行高度烘焙的人，可呈現出酸味及風味的細緻層面，烘焙出美味的咖啡。

**●尼加拉瓜（爪哇種）**

**烘焙**……在高度烘焙下會出現莓菓類的風味。

味道類似巴拿馬的藝伎種，但在評斷優劣時，以尼加拉瓜的爪哇種品質較佳。未經最終烘焙也不會出現雜味。即使短時間烘焙也會出現莓菓的風味，但是說實話會變成單調的風味，所以花費20～22分鐘進行高度烘焙的人，可呈現出酸味及風味的細緻層面，烘焙出美味的咖啡。

**●尼加拉瓜（巨型象豆）**

**烘焙**……在高度烘焙下即便未經最終烘焙也不會出現雜味，可呈現恰到好處的優質酸味。

由於咖啡豆體積大，乍看之下會以為熱量不容易滲透進去，但是即便短時間烘焙也不容易出現雜味，可呈現出清爽的優質酸味。在短時間烘焙下，說實話會變成單調的風味，所以花費20～22分鐘進行高度烘焙的人，可呈現出酸味及風味的細緻層面，烘焙出美味的咖啡。

**●哥斯大黎加　蜂蜜咖啡（薇拉沙奇種）**

咖啡豆較硬，不太適合淺烘焙。在確實完成2爆後的城市烘焙後半階段，可使醇厚度及甜味的平衡度變得更為理想。

**●多明尼加（卡杜拉種）**

**烘焙**……從2爆之前至2爆開始後的時間點，可呈現平衡度佳的風味。

酸味恰到好處，可展現出甜味及平順的醇厚度。我認為多明尼加的卡杜拉種十分美味。

**●巴西　桑托斯（新世界種）**

**烘焙**……在高度烘焙下經過1分鐘左右的最終烘焙後，即可呈現不具雜味且清淡優質的酸味。

在城市烘焙後半階段以後會出現巧克力香。

無論在哪一種烘焙程度，質感都會增強，且出現清爽的風味。

**●巴西　桑托斯（黃波旁種）**

**烘焙**……在高度烘焙下進行1分鐘左右的最終烘焙後，會出現不具雜味的清淡酸味與宛如花蜜般的甜味，也可呈現出雅緻的細膩層面。隨著烘焙程度愈深，其甜味也會增強。

**●巴西　桑托斯　自然乾燥法（紅卡杜艾種）**

**烘焙**……在高度烘焙～城市烘焙下，即便未經最終烘焙也能呈現不具雜味且恰到好處的優質酸味，還具有豐富的甜味。我認為這種紅卡杜種甜美又好喝。

**●新幾內亞（阿魯沙種、波旁種、鐵比卡種）**

**烘焙**……在城市烘焙的後半階段，會呈現明顯的優質酸味、甜味與質感。雖然並非單一品種，但是反過來說每種品種的優點都能發揮出來，達到最佳的平衡。

**●印尼　曼特寧　亞齊特　SG（SUPER GREAT）（Ateng 種）**

**烘焙**……在深城市烘焙至法式烘焙下，會出現非常棒的醇厚度、甜味與柔和的苦味，也能感受到獨特的芒果香氣。淺烘焙的話無法發揮難得的個性風味，所以建議大家一定要進行深烘焙。

**●印尼　巴里島　低咖啡因咖啡（水處理法）**

**烘焙……**在2爆之前，即便未經最終烘焙也不會出現雜味，可呈現恰到好處的優質酸味。這種咖啡豆不具有低咖啡因咖啡特有的怪味，風味極為優質。由於熱量容易滲透進低咖啡因咖啡裡頭，在一般的高度烘焙溫度下會變成城市烘焙，所以請多加小心以免變成過度烘焙。此外，一經深烘焙後風味將急速變差，所以建議大家最多達到城市烘焙即可。

**●印尼　蘇拉威西島　托拉查、馬馬薩、Kalossie**

**烘焙……**在深城市烘焙至法式烘焙下，會出現濃重的醇厚度及甜味。苦味較蘇門答臘的曼特寧淡，會散發出柔和的醇厚度。

**●尼泊爾（鐵比卡種、波旁種、黃卡杜拉種）**

**烘焙……**在城市烘焙下進行20秒的最終烘焙後，可呈現平衡度佳的風味。

●尼泊爾（波旁種）

**烘焙**……在高度烘焙至城市烘焙下，將呈現出波旁種特有酸味及甜味達到理想平衡的風味。我認為這是十分優質的波旁種。

●坦尚尼亞　AAA（波旁種、肯特種）

**烘焙**……出爐2爆時為最佳烘焙狀態。

一般的坦尚尼亞咖啡豆總會給人酸味較強的印象，但優質的咖啡豆會具有宜人的酸味並帶有深城市烘焙的味道。

●肯亞　AA+（SL26）

**烘焙**……在快要到達深城市烘焙的狀態下，可發揮出極佳的品質。

與坦尚尼亞咖啡豆一樣，會給人酸味較強的印象，但是優質的咖啡豆會具有宜人的酸味，並帶有深城市烘焙的味道。在深城市烘焙下會比坦尚尼亞咖啡豆更具有醇厚度。

**●衣索比亞　耶加雪夫　G1（原生種　Ethiopia HEIRLOOM）**

**烘焙……**不同批號的咖啡豆其出爐溫度會有±1℃的變化，在高度烘焙下稍微進行最終烘焙，並在皺摺拉平時出爐的話，可呈現覆盆子的風味與甜味達到平衡的狀態，烘焙出風味獨特且好喝的咖啡豆。

**●衣索比亞　耶加雪夫　G1　日曬處理法（原生種　Ethiopia HEIRLOOM）**

**烘焙……**在高度烘焙下無須最終烘焙即可出爐。

生豆會散發出哈蜜瓜般的香氣。比摩卡瑪妲莉更能呈現出辛香味及果香味。

**●馬拉威（藝伎種、波旁種）**

**烘焙……**2爆後稍微最終烘焙後出爐。

即便為相同的藝伎種，但與巴拉威的藝伎種風味完全不同。在快要2爆之前出爐的話，可品嚐到圓潤飽滿的酸味。老實說這種味道感覺上很接近夏威夷可那咖啡的優良質感。

**●盧安達（IkawaNdende種）**

**烘焙……**在即將2爆之前，會感覺到覆盆子與檸檬的風味。可說是兼具爪哇種及藝伎種風味的優質咖啡。

**●蒲隆地（波旁種）**

**烘焙……**在2爆前會形成波旁種特有的美好酸味與雅緻的細膩層面。雖然知名度不高，不過可說是非常優質的波旁種。

# XIX 我的咖啡烘焙指導範例

在本章的最後，我將刊載5個實際經我指導的輔導個案。事實上這些輔導個案在本章之前已做過許多介紹，大家不妨在參閱的同時順便復習一下，定會受益良多。誠如前文所述，我在漫長的烘焙指導經驗中結識了無數人，更耳聞許多人在烘焙過程中所面臨的煩惱，每每我都是竭盡所能地指導大家。容我重申，烘焙終究只能憑藉自己的技術與熱情，大家絕不能故步自封，請反覆練習努力鑽研。

**【輔導個案】❶**

日本製直火式5公斤鍋爐　桶裝瓦斯

**Q【諮詢者】** 1爆後緊接著進行2爆，但在1爆之後即便調降火力溫度上升情形還是很快，只好忙亂地結束烘焙。結果烘焙出來的咖啡令人很不滿意，當然每次咖啡豆出爐的時間點也都抓不準，所以十分苦惱。

**A【回答】**首先第一個錯誤，原因就是出在1爆之前將風門關得過小。聽說曾經有人指導諮詢者在1爆之前須將風門關小一點好讓咖啡豆蒸熟，但是蒸熟咖啡豆的這個觀念本身就不合理了。瓦斯內含許多水分，因此瓦斯燃燒後所形成的熱風當中將含有大量水蒸氣，所以無論風門是處於開啟或關閉的狀態，滾筒烘焙室內都會存在許多水蒸氣。當風門關得過小時，瓦斯燃燒後所產生的一部分熱量將無法進入而滯留在滾筒烘焙室前方，於是滾筒烘焙室前方就會囤積熱量。在1爆時一打開風門的當下，同一時間囤積的熱量將竄入滾筒烘焙室內，所以才會造成咖啡豆溫度急劇上升。

**S【解決方式】**教導諮詢者如何適當地操縱風門與瓦斯壓力，並調整合適的烘焙時間後，問題便大幅改善了。

## 【輔導個案】❷

日本製半熱風式5公斤鍋爐　都市瓦斯

**Q【諮詢者】**烘焙後的咖啡豆看起來膨脹得很漂亮，顏色也不差，但是品嚐後會帶有些許生臭味，還會出現酸味、澀味等不好喝的餘韻，甘味也沒有展現出來，尤其在少量烘焙時這種情形更加明顯。希望老師能指導如何改善這種症狀，以及恰當的烘焙方式。

**A【回答】**由於諮詢者一開始是從半熱風式烘焙機入門，所以在設定方面費了一番苦心。再加上煙囪位在5樓高的屋頂，在這個條件影響下，加上原本便附有較強的排氣風扇，因此排氣力道變得更強了。在這之前，諮詢者在風門的使用範圍方面似乎都被建議「調整至刻度二左右的位置」，但在他多方嚐試過後，決定將風門的使用範圍控制在刻度一左右的位置。我曾經使用過這種半熱風式烘焙機烘焙過幾次咖啡，因此我有注意到一個現象，那就是從熱源產生的熱風會先將熱量傳遞至滾筒烘焙室，剩下較低溫的熱風則會通過滾筒烘焙室內。通常類似這種構造的話，滾筒烘焙室的鐵板往往較薄，所以與咖啡豆之間的傳導熱溫度會變高，使咖啡豆表面容易燒焦。此外由於滾筒烘焙室內的對流熱溫度低，所以熱量會變得很難傳遞至豆芯。

**S【解決方式】**在這樣的構造下，尤其是少量烘焙時需要很長一段時間進行烘焙，難度會變高，因此可將風門打開得大一些，透過稍微縮短烘焙時間的方式來解決。每台烘焙機的特性不同，各有各的極限，無法面面俱到，但是可透過改造燃燒室的方式，使熱量的流動達到最佳化，讓冷空氣不會進入滾筒烘焙室內，問題便大幅改善了。

## 【輔導個案】❸

日本製半熱風式3公斤鍋爐　桶裝瓦斯

**Q【諮詢者】**設置烘焙機時，由於橫向的排煙管達10公尺長，所以聽從建議於中段增設了排氣風扇。結果導致排氣過強，因此在銀皮收集桶的前方裝設了Flap Damper，用來抑制排氣情形。開業前雖然學過如何烘焙咖啡，但是依照所學著手烘焙咖啡豆時，總是讓人感到不滿意，烘焙後的咖啡豆品質也不盡理想。

**A【回答】**依照現狀繼續烘焙的話，排氣無法穩定且荒腔走板，所以很難達到穩定的烘焙狀態。於是我試著將之前增設的排氣風扇電源關閉，再觀察排氣狀況後，發現雖然橫向的排煙管達10公尺長，但是完全不會對排氣現象造成負擔。「橫向排煙管長會造成排氣極大負擔」的這項論點，單純只是咖啡業界這一群人的迷思。我認為因為縱向的排煙管也有8公尺高，因此橫向排煙管完全不會造成任何負擔。

**S【解決方式】**拆除之前增設的排氣風扇與Flap Damper，再依照所安裝的烘焙機及環境指導諮詢者如何烘焙咖啡後，問題便大幅改善了。這種烘焙機經改善燃燒室使熱量的流動達到最佳化後，讓冷空氣不會再進入滾筒烘焙室內，就能讓烘焙後的咖啡豆變得更好喝了。

## 【輔導個案】❹

直火式8公斤鍋爐　製造廠商不詳　都市瓦斯

**Q【諮詢者】**總是會有雜味及獨特怪味殘留，烘焙狀態無法穩定下來。

**A【回答】**這種烘焙機有幾個問題點，首先是排氣風扇的力道相當強，另外還有 Shutter Damper 也會造成問題，因為風門實際的作動範圍太小。有些滾筒烘焙室金屬板上的沖壓孔洞較一般來得小，在較長時間的使用下，焦油會附著於滾筒烘焙室上，致使孔洞變得更小。解決方式就是使排氣增強，將熱風引入滾筒烘焙室內。由於烘焙機的前方面板並非平面，通常前面會呈現圓弧狀，所以經常會處於承受內部壓力的狀態，而無法確認風門的正確位置。經過幾次的烘焙測試，並觀察咖啡豆的狀態後，終於找到了正確位置。這台烘焙機在不明原因下，即便處於正確位置還是會出現內部壓力。雖然名為8公斤鍋爐，但是測量滾筒烘焙室的容量後，發現與一般的5公斤鍋爐容量一樣，所以我判斷最多只適合烘焙4公斤的生豆。

S【解決方式】設定好最恰當的風門、瓦斯壓力以及烘焙時間，使這台烘焙機可在能力範圍內完成最理想的烘焙。

【輔導個案】❺

日本製直火式1公斤鍋爐　桶裝瓦斯

Q【諮詢者】我的烘焙經驗不多，所以希望老師給予指導，但是我連咖啡豆風味的判定標準都不太了解。

A【回答】這台烘焙機與我第一次購買的烘焙機一樣，讓人十分懷念，不過重新操作過後我確定在構造上有幾個問題。這台烘焙機在冷卻咖啡豆時，須將冷卻層的蓋子取下，但在烘焙時一旦蓋子沒蓋好，排氣也會出現變化。此外我在測量排氣量時發現，這台烘焙機的排氣能力只達到需求量的一半。而且原本就沒有設置風門，假使要安裝，也會因為烘焙機的規格本來就排氣量不足，所以沒必要安裝風門。投入800g生豆進行烘焙後，在2爆前便因為排氣不足的關係，導致熱量不足，使得烘焙好的咖啡豆外表看起來很漂亮，但卻殘留澀味及雜味。即便在2爆之後咖啡豆的膨脹情形不錯且外觀漂亮，但是顏色似乎有些燻黑的感覺，風味也會因為排氣不足而感覺到特殊的沈重酸味及燻臭味，嚐不出咖啡的特徵。

**S【解決方式】**此時無法解決結構面的問題，只能將烘焙的咖啡豆分量控制在500～600g來解決。

# 六

# 咖啡的萃取

萃取方式有很多種，本章將介紹我所採用的基本濾紙滴漏式萃取法。

有時我出門在外也會買咖啡來喝，由於工作的關係，難免會很在意店家在萃取咖啡時的手法，因為很多店家都是透過自學，或是自成一套作法，用錯誤的方式在沖泡咖啡。想要煮出一杯好喝的咖啡，關鍵在於遵循科學理論進行萃取。萃取咖啡時，應從咖啡豆的烘焙程度、膨脹程度、研磨粗細與分量、熱水溫度、萃取量等各環節作考量。手沖咖啡在注入熱水時，也須盡可能從較低的位置注水，以免產生過度水壓，並依照咖啡豆烘焙的深淺程度調整溫度，以適合萃取量的熱水水注及咖啡粉分量進行萃取。

萃取方式五花八門，本書將介紹我個人所採行的濾紙滴漏式基本萃取法。

## I 隨萃取量變化的三大重點

必須視咖啡沖泡量變化咖啡粉的公克數、研磨粗細度、熱水水注粗細度。如此一來，即便沖泡的杯數不同，所萃取出來的咖啡也能呈現相同的味道及濃度。

| | 公克數 | 研磨粗細度 | 熱水水注粗細度 |
|---|---|---|---|
| 1 杯 150cc | 15g | 細度研磨 | 較細 |
| 2 杯 300cc | 28g | 中度研磨 | 中等 |
| 3 杯 450cc | 38g | 粗度研磨 | 稍粗 |

| | 公克數 | 研磨粗細度 | 熱水水注粗細度 |
|---|---|---|---|
| 1 杯 120cc | 12g | 細度研磨 | 較細 |
| 2 杯 240cc | 22g | 中度研磨 | 中等 |
| 3 杯 360cc | 30g | 粗度研磨 | 稍粗 |

1 杯的熱水水注粗細度

2 杯的熱水水注粗細度

3 杯的熱水水注粗細度

## Ⅱ 手沖咖啡的正確作法

### ——熱水的溫度與烘焙的關係

咖啡的萃取須視烘焙狀態改變溫度。只是當烘焙不完全的時候，有時並不適用於下述標準。

**1 淺烘焙的咖啡豆（中等烘焙～高度烘焙） 熱水溫度……90℃**

酸味無法藉由低溫萃取出來，所以用90℃左右的熱水較為恰當。高於90℃的話，將品嚐到不好喝的酸味，舌頭會有類似刺刺的感覺。酸味強的咖啡如能以較低溫萃取的話，即可緩和酸味。

**2 中烘焙的咖啡豆（城市烘焙～深城市烘焙） 熱水溫度……86～88℃**

86～88℃的溫度可均衡萃取出甜味及酸味。一旦溫度過高，酸味就會變成主要的味道，但是溫度過低的話，風味則會變成以甜味為主的平淡味道。

**3 深烘焙的咖啡豆（法式烘焙） 熱水溫度……84～86℃**

溫度一旦高於84～86℃，苦味就會變明顯，此外反觀溫度變低時，苦味則會減輕。溫度無論

優良示範

不良示範

過高或過低，咖啡味道的平衡度都會走樣。

## ——注入熱水時的高度不同風味也會改變。

注入熱水時，應盡可能從較低位置注入。

手沖咖啡是藉由注入熱水後從咖啡粉萃取出咖啡液，當熱水因為本身重量通過咖啡粉之間的時候，咖啡液就會被萃取出來。所以從較高的位置注入熱水，將形成很大的水壓，甚至會將多餘的雜味及澀味等成分都萃取出來。

## 萃取的步驟

1　從咖啡粉的中心部位至接近外圍4分之3的地方注入熱水，使咖啡粉完全浸透以悶煮咖啡。

2　咖啡粉在20秒左右即會完全膨起，所以在此同時會進行第一次的萃取。（膨起狀態不佳的咖啡粉會花費較長時間）

開始注入熱水，並從中心往外側以畫圓的方式逐漸繞開，快要到達外圍之前大約需畫圓6次。接下來從接近外圍的地方往內側，以畫圓的方式注入熱水並逐漸縮小圓圈，大約需畫圓6次。

3　在中心部分凹陷之前，與第一次一樣進行第2次的萃取，然後結束萃取作業。

4　想要萃取出較濃的咖啡時，或是萃取量不足時，請一邊調整熱水的注入量再萃取一次。

## ——細口壺的拿取方式與注水方式（注意事項）

●一開始的第一圈以直徑1cm左右畫圓時，會有直徑約2cm的泡沫浮現出來，所以畫第二圈時應避免超出泡沫的外側。第三圈也要依照相同作法注入熱水，並避免超出泡沫處，否則將造成無謂的萃取。

●用力握著細口壺的把手時，在沖泡咖啡的過程中手腕會出現收回的動作。當手腕一收回，熱

## 細口壺的握法

正確

錯誤

水從細口壺倒出的位置（高度）就會上下移動，對咖啡的萃取將造成不良影響。

請輕輕地握著把手，避免手腕出現收回的動作，使熱水的出口呈現水平方向移動即可。

●熱水注入的速度在內側時容易變快，在外側容易變慢，不過正確的作法應是內外側都應以1秒左右的相同速度畫圓1次。

●請注意熱水的水注粗細度須維持固定。

●調整熱水的水注粗細度應靠手肘上下移動，以及3根手指（食指、中指、無名指）的力道增減來進行，而不要使用手腕來調整。

●想讓熱水以固定的節奏順利注入時，手腕不可以轉動，而應以手肘稍微水平轉動的方式來進行。

## Ⅲ 特殊的沖泡方式

### ——Espresso手沖咖啡

以低溫萃取時不會萃取出苦味、酸味、澀味、雜味，僅會萃取出甘味、甜味及醇厚度。猶如Espresso咖啡般濃重且深厚的風味，嚐過一次可能就會令人愛不釋口。

Espresso手沖咖啡須以60～70℃的熱水，經過4～6分鐘，花費一段時間讓熱水完全浸透所有的咖啡粉才能萃取出來。

咖啡粉分量　30～40g　咖啡萃取量　60～80cc

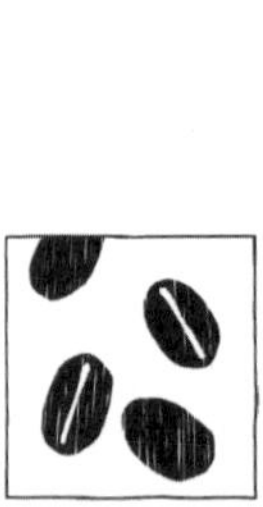

## IV 咖啡風味會因磨豆機而改變

萃取咖啡或是銷售咖啡都少不了磨豆機，但是磨豆機依研磨方式及形制，性能皆大大不同，也會嚴重影響咖啡的風味。

### ——磨豆機的種類

●**刀片式磨豆機**……刀刃呈現銳角，屬於用切削而非輾壓的方式研磨咖啡豆。特徵在於研磨粗細度一致，而且微粉也少。但是某些廠牌我並不建議大家使用，我通常會推薦徒弟使用瑞士ditting公司的磨豆機。這種磨豆機的磨豆速度比一般磨豆機快上數倍，且斷面又十分漂亮，粒子也均一。咖啡風味相較於其他磨豆機更為美味，也相當耐用。我認為沒有其他品牌的性能比得上ditting磨豆機，但是價格十分昂貴。不過如果是自家烘焙十分講究咖啡風味的人，只能考慮這台磨豆機。

●**鬼齒磨盤磨豆機**……這種傳統的鬼齒磨盤屬於輾壓磨碎的構造。研磨速度、微粉分量以及研磨粗細度均一的情形皆不及刀片式磨豆機，但可列入營業場合使用有預算限制的選項內。其中由FUJIROYAL製造的磨豆機頗受好評。

●**家庭用圓椎式刀盤磨豆機**……在倒圓椎形的外刃上，會有具銳角的內角緩慢轉動。研磨時需要花費一點時間，但在家裡使用時，不會出現噪音且研磨粗細度也很理想。甚至還能研磨出家庭用的濃縮咖啡粉，非常推薦大家使用。

# 七

# 咖啡的基礎知識

介紹完咖啡的種類、規格、等級，以及各國的狀況後，接下來要為大家介紹咖啡豆的基本常識。

## I 咖啡瑕疵豆的定義

有關於混入異物及瑕疵豆的定義，在各國產地自有一套說法，在此參考巴西的明確定義為大家進行說明。

在巴西會取出300g的咖啡生豆作為樣本，挑出混入其中的瑕疵豆及異物，並計算缺點數來決定咖啡的等級（參閱左頁表格）。

＊當300g咖啡生豆的缺點數為4時，即為No.2，並非No.1。

一般在日本的自家咖啡烘焙店使用的都是缺點數最少的No.2等級（通稱等級2）。而日本最多人使用的為4/5等級（通稱45），一部分的自家咖啡烘焙店以及大型烘焙業者，還有罐裝咖啡等產品主要都是使用這種咖啡豆。

### 巴西咖啡　依據缺點數決定等級

| 等級（No.） | 2 | 2/3 | 3 | 3/4 | 4 | 4/5 | 5 | 5/6 | 6 | 6/7 | 7 | 7/8 | 8 |
|---|---|---|---|---|---|---|---|---|---|---|---|---|---|
| 合計缺點數 | 4 | 8 | 12 | 19 | 26 | 36 | 46 | 64 | 86 | 123 | 160 | 220 | 360 |

### 巴西咖啡瑕疵豆　缺點數的定義

| 混入數量 | 缺點數 | 混入物 |
|---|---|---|
| 1 | 1 點 | 黑豆、乾果 |
| 2 | 1 點 | 內果皮殘留豆、發酵豆 |
| 2～3 | 1 點 | 咖啡的外皮（小） |
| 2～5 | 1 點 | 蟲蛀豆 |
| 3 | 1 點 | 貝殼豆 |
| 5 | 1 點 | 未成熟豆 |

＊這裡的瑕疵豆指的是出貨前沒有出現發霉情形，因此未標記出發霉豆。當有混入一顆發霉豆時，我會打上 1 點的缺點數。

### 巴西咖啡異物的缺點數

| 混入數 | 缺點數 | 混入物 |
|---|---|---|
| 1 | 5 點 | 大型的……石頭、木片、泥土 |
| 1 | 2 點 | 中型的……石頭、木片、泥土 |
| 1 | 1 點 | 小型的……石頭、木片、泥土 |

●**黑豆（Black Bean）**

在採收期之前便成熟掉落在泥土上發酵，之後變硬又變黑的咖啡豆。

●**乾果**

尤其是日曬處理法的咖啡豆，乾燥後在精製的過程中會去除生豆上所附著的泛黑外皮（外殼），此時無法去除掉泛黑外皮的生豆便稱作乾果。

●**內果皮殘留豆**

位於外皮（外殼）內側包覆咖啡豆的內果皮（Parchment）在精製過程中會殘留下來，雖然內果皮很薄，但在烘焙過程中會影響火力的穿透。內果皮殘留豆常出現在水洗式咖啡豆中，多為未成熟豆。

●**發酵豆**

即為細菌附著在生豆上並發酵，猶如起司般呈現稍微透明且帶黃色的生豆。會感覺到發酵臭味與發酵時獨特的優格酸味。當這種發酵臭味不明顯時，有些人還會誤認為是優質的香氣或酸味。

**●咖啡的外皮**

意指精製後的泛黑外皮（外殼）直接混入生豆當中。外皮會釋放出消毒藥水的臭味、泥土的臭味、阿摩尼亞的臭味。在葡萄牙語的糞便一詞，也會用來稱呼咖啡的外皮。

**●蟲蛀豆**

小蛾是咖啡豆的天敵，當小蛾產下的卵變成幼蟲，就會鑽入咖啡豆中而形成蟲蛀豆。有時經精製後幼蟲仍會存活，偶而會在日本孵化，但是馬上就會死亡。此外大多會從這些蟲蛀的小洞長出霉菌。

**●貝殼豆**

推測生豆會在精製的過程中承受一些強大力量，導致內部剝落才會造成貝殼豆，但是形成的原因仍不清楚。有一說是精製方法出現問題，另外也有人說是與不同品種的遺傳因子有關。常見於坦尚尼亞及肯亞的咖啡豆。在2爆前後對於咖啡風味幾乎不會造成影響，但在2爆之後由於烘焙會加速進展，所以在深城市烘焙以後會比一般的咖啡豆出現更明顯的苦味，對咖啡風味會造成影響。

**●未成熟豆**

在成熟之前的未成熟狀態下便採收下來的生豆。由於尚未成熟，所以會出現生臭味。

**●發霉豆**

放置在高度潮濕的環境下就會長出白黴及青黴。另外蟲蛀豆則容易長出青黴。會出現如同藥品般的臭味（化學臭味）。

**●死豆**

未正常結果的咖啡豆，呈現白色，烘焙後也不太會上色。

**●異物**

佔最大比例的異物為石頭。另外也時常會摻入木片、玉米、豆類，偶而還會發現釘子、鐵片、香煙濾嘴以及其他異物。

## II 咖啡生產地的規格與分級

**◆巴西**

巴西生產的咖啡豆會依照顆粒大小進行分級。篩網尺寸若以#18來舉例的話，意指咖啡豆的大小可以通過7公釐方格的篩網洞孔。

**巴西**

| #（篩網尺寸） | 等級名稱 |
|---|---|
| 20（8 公釐） | Very Large Bean |
| 19（7.5 公釐） | Extra Large Bean |
| 18（7 公釐） | Large Bean |
| 17（6.75 公釐） | Bold Bean |
| 16（6.5 公釐） | Good Bean |
| 15（6 公釐） | Medium Bean |
| 14（5.5 公釐） | Small Bean |
| 13（5 公釐） | PB Bean（圓豆咖啡） |

**◆哥倫比亞**

哥倫比亞不同於精品咖啡，一般來說FNC（哥倫比亞國家聯盟）是依照下述方式進行分級。在日本則會大致將篩網尺寸17以上的咖啡豆區分成Supremo、篩網尺寸17以下的咖啡豆區分成Excelso。巨型象豆為大顆咖啡豆的品種，Caracol指的則是圓豆咖啡。

### ◆瓜地馬拉

瓜地馬拉是依照標高作分級。

### ◆牙買加

No. 1 #18以上、

No. 2 #17以上、

No. 3 #16以上。

**哥倫比亞**

| 等級名稱 | #（篩網尺寸） | 容許範圍 |
|---|---|---|
| Excel so Premium | 18 | 篩網尺寸14～18最多5% |
| Excel so Supremo | 17 | 篩網尺寸14～17最多5% |
| Excel so Extra | 16 | 篩網尺寸14～16最多5% |
| Excel so Europa | 15 | 篩網尺寸12～15最多2.5%、5%、10%等3種類型 |
| Excel so UGQ | 15佔整體50%以上 | 篩網尺寸12～14最多1.5% |
| Excel so Maragogipe | 17 | 篩網尺寸14～17最多5% |
| Excel so Caracol | 12 | 平豆最多10% |

**瓜地馬拉**

| 等級名稱 | 產地標高 |
|---|---|
| SHB（Strictly Hard Bean） | 標高 1400m 以上 |
| HB（Hard Bean） | 標高 1200～1400m |
| SH（Semi Hard Bean） | 標高 1100～1200m |
| EPW（Extra Prime Washed） | 標高 900～1100m |
| PW（Prime Washed） | 標高 600～900m |

＊牙買加的分級制度不同於其他產地，是依照下述方式作分級。

Blue Mountain　藍山咖啡　於藍山地區所生產的咖啡豆。

High Mountain　高山咖啡　在島上中央地區標高1000M～1200M處所生產的咖啡豆。

Prime Washed　優洗咖啡　在上述以外的地區所生產的咖啡豆。

### ◆衣索比亞

分成Grade1（G1缺點數0～3以下）～Grade8（G8缺點數340以上）這8種等級。

出口的咖啡豆須達到Grade5（G5）以上。

### ◆坦尚尼亞

AAA #18以上、AA #17～18、A #15～16、B #14～15、C #14以下。

### ◆肯亞

AA #17～18、AB #15～16、B #15以下。

AA之上則有AA++　AA+。

**◆印尼**

分成Grade1（G1　缺點數11以下）～Grade6（G6　缺點數151～225）這6種等級。

Grade1（G1）之上還有Super Grade（SG）的等級。

**◆夏威夷的可那咖啡**

每1磅EXF（ExtraFancy）的瑕疵豆數量　10顆以內。

每1磅F（Fancy）的瑕疵豆數量　16顆以內。

每1磅PW（PrimeWashed）的瑕疵豆數量　20顆以內。

# III 咖啡的主要品種

### ◆阿凱亞種　Acaia

由巴西的坎皮納斯農業試驗場所開發的新世界種中的特選種。與新世界種一樣樹高很高，但是側枝較新世界種短。咖啡櫻桃為紅色，生豆尺寸平均有篩網尺寸18這麼大，耐咖啡葉鏽病，為適合機械採收的品種。

### ◆阿騰種　Ateng

自1990年代開始於印尼北蘇門答臘種植的品種，被視為卡第摩品種之一。亞種的部分有Ateng Super及Ateng Zyanton等品種。位於林東地區的阿騰咖啡酸味較淡但具甜味，亞齊特區的阿騰咖啡則具有酸味及甜味，並展現出強烈的質感。

### ◆阿魯沙種　Arusha

在巴布亞紐幾內亞種植的品種，為鐵比卡種的變種。將原本種植於坦尚尼亞阿魯沙地區的種子帶入巴布亞紐幾內亞種植的品種。

### ◆Ikawa Ndende

種植於盧安達米比里濟地區的長果種，據說起源於衣索比亞。Ikawa Ndende 就是當地語言長果的意思。

### ◆肯特種　Kent

肯特種生長於印度，為鐵比卡種的突變種。耐病及採收量極大為其一大特徵。傳聞是在1920年代，從位在邁索爾一位英國藉農莊主人羅伯特·肯特所擁有的 Doddengudda 莊園被發現。肯特種耐咖啡葉鏽病，故在1940年之前相當受到栽種者歡迎。現在一部分地區仍有栽種，杯測品質極高。英國人於1930年代帶入肯特亞，目前在當地大量種植。

### ◆爪哇種　Java

種植於喀麥隆名為爪哇的咖啡品種，為過去曾經種植於印尼爪哇島的鐵比卡種，後來才被帶至歐洲。之後推估是在1913年由德國傳教士帶進喀麥隆。生豆的形狀細長，屬於長果種。相同品種也種植於尼加拉瓜的Limoncillo莊園，但是這種品種則稱作爪哇尼卡種。雖屬於同一品種，但在喀麥隆與尼加拉瓜的咖啡豆形狀及風味皆不相同。

### ◆爪哇尼卡種　Javanica

於尼加拉瓜的Limoncillo莊園所種植的品種。起源自荷蘭人在爪哇島所種植的咖啡，因而將生長於此地的咖啡稱作爪哇種。後來經尼加拉瓜的咖啡研究所從爪哇島引進國內，並衍生在地品種。生豆的形狀細長，屬於長果種。具有類似覆盆子般的優質風味。

### ◆蘇門答臘種　Sumatera

起源自移入印尼的阿拉比卡種。顆粒較大，最具代表性的就屬曼特寧咖啡。比巴西咖啡的力道更強，號稱生產力高的鐵比卡種。這種品種在蘇門答臘島被稱「Bergendal」，種植於蘇門答臘島北部，而且與在東爪哇所發現的「Brawan Pusuma」為同一品種。

### ◆鐵比卡種　Typica

現存的阿拉比卡種都是由這種鐵比卡種派生出來的。這種咖啡樹的外觀會長成圓椎形，高度非常高，達3・5～4・0公尺左右。嫩葉為帶有紅色的青銅色。產量不怎麼理想，但是具有十分優異的杯測品質。

這些鐵比卡種生長了數百年之久，並且會依每個環境的特殊地理條件而具有不同的特色。

- **藍山咖啡　鐵比卡種**……生長於牙買加。幾年後被傳入了肯亞、喀麥隆、巴布亞紐幾內亞。
- **瓜地馬拉　鐵比卡種**……生長於瓜地馬拉，後來被帶至夏威夷可那。
- **Pajarito**……生長於哥倫比亞，比一般的鐵比卡種咖啡樹高，嫩葉顏色呈現深青銅色。
- **Creole**……生長於海地。
- **Nacional**……生長於巴西。
- **蘇門答臘　鐵比卡種（Bergendal）**……生長於蘇門答臘島。

・**Criollo**……生長於多明尼加。

・**普盧馬伊達爾戈種**……生長於墨西哥。

・**巴東種**……生長於蘇門答臘島東南部。

・**爪哇種**……生長於爪哇島北部。

・**瓜德羅普種**……生長於瓜德羅普島。

・**Old Chiks**……生長於印度。

### ◆微拉羅伯種　Villalobos

1930年於哥斯大黎加所發現鐵比卡種的突變種。適合種植於高地，耐強風，在貧脊的土壤環境下收穫量也不會減少。推估最適合微拉羅伯種生長的條件為日曬少的土地。此品種以強烈甜味聞名於世。

### ◆法國傳教士種　FrenchMission

由法國傳教士使節團從留尼旺島帶至坦尚尼亞莫羅戈羅種植，為摩卡種與波旁種的自然交配種，並於1897年被帶至奈洛比近郊的聖奧斯汀教區種植。當地將此品種稱作FrenchMission。在1940年代之前，於肯亞為一般常見的品種。目前僅有Chaniariba莊園以商業規模的形式種植。

### ◆新世界種　MundoNovo

最早於巴西發現的品種，由鐵比卡種（蘇門答臘種）與波旁種自然交配而成，咖啡樹的高度比波旁種高，紅色的咖啡櫻桃會在固定時間完全成熟，因此可一起採收。特徵為咖啡豆形狀比波旁種更為細長，平均尺寸達篩網尺寸17。生長力佳，耐疾病，產量多，適合栽種於年雨量1200～1800公釐，標高1000～1500公尺較低的高地。由於也可種植於標高較低的地區，因此在巴西屬於種植最為廣泛的品種之一。

### ◆摩卡種　Mokka

起源自留尼旺島（舊名為波旁島）的波旁種突變種。另有一說是起源自葉門的另一種品種。咖啡樹高度較低，葉片小且細長，生豆尺寸小且偏圓形，此外不耐疾病，產量並不佳。商業用途的種植數量較少，種植的地方也很罕見，僅種植於茂宜島與巴西局部地區，種植在標高較低的地方，杯測品質優異。

雖然在葉門及衣索比亞也有種植，但是並非單一種類的純種品種，而是由好幾種原生種混種後的總稱，由於沒有特別命名的品種名，所以據說皆通稱為「摩卡種」，因此諸如Mattari、Harrar、Sidamo等為種植地區的名稱，並非植物的品種名稱。

### ◆紅波旁種 RedBourbon

據說波旁種（紅波旁種）的起源是葉門的原種經移植到波旁島（現在的留尼旺島）後突變而成的品種。推測此品種是在1715年以後才被帶至波旁島。紅波旁種的收穫量雖然可比鐵比卡種多出20～30％以上，但是老實說還是比其他品種的收穫量少。此外，紅波旁種屬於隔年結果，所以每一年的產量都會有大幅變化，因此生產效率低。咖啡樹的外形並非類似鐵比卡種的圓錐形，而是呈現比較小的圓形。特徵包括枝幹較鐵比卡種多，枝幹與側枝的角度狹小，側枝與側枝之間的間隔狹窄。且葉片寬度較寬，邊緣呈波浪狀，紅色的咖啡櫻桃平均大小為篩網尺寸16，咖啡豆之間的密度高。而且到完全成熟之前的生長速度快，但是會因強風或大雨而有果實掉落之虞。適合種植的標高為1100～2150m，較新世界種更適合於高地種植。

### ◆黃波旁種 YellowBourbon

黃波旁種推測是由紅波旁種與Amarelo de Botucatu（結出黃色果實的鐵比卡種）自然交配而衍生的品種。黃波旁種與紅波旁種一樣，收穫量可比鐵比卡種多出20～30％以上，但是老實說還是比其他品種的收穫量少。此外，由於屬於隔年結果，所以每一年的產量都會有大幅變化，因此生產效率低。咖啡樹的外形並非類似鐵比卡種的圓錐形，而是呈現比較小的圓形。特徵包括枝幹較鐵比卡種多，枝幹與側枝的角度狹小，而且側枝與側枝之間的間隔狹窄。且葉片寬度較寬，邊緣呈波浪狀，黃色的咖啡櫻桃平均大小為篩網尺寸16，咖啡豆之間的密度高。而且到完全成熟之前的生長速度快，但是會因強風或大雨而有果實掉落之虞。適合種植的標高為1100～2150m，較新世界種更適合於高地種植。在巴西有大量種植。

### ◆紅卡杜拉種 Red Catura

在1935年於巴西所發現的波旁種突變品種，以優異的生產效率自豪，達鐵比卡種的3倍之多，但是相對的需要更多的照顧及肥料。通常大多被稱作「卡杜拉種」，耐病蟲害也耐低溫。屬於矮性品種（樹木高度較低），所以採收時省時省力，且品質優異，尤其具有強烈的優質酸味，但同時也帶有澀味。為哥倫比亞等地的主力品種之一，當初在巴西被發現時，由於與土壤的調性不合，再加上隔年結果的關係以致於收穫量差，所以幾乎沒有人在種植。所謂的隔年結果，就是每隔一年會反覆出現收穫量激增的現象。據說多明尼加的卡杜拉種品質極佳，特徵為樹幹既粗又短，且枝幹多，還有類似波旁種邊緣呈現波浪狀的大形葉片。對環境的適應力高，最佳的種植環境為年降雨量2500～3500公釐，標高500～1700公尺。標高愈高的地方品質愈好，但是生產效率會變差。生豆尺寸平均為篩網尺寸16，適合密集種植。

### ◆藝伎種 Geisha

為衣索比亞原產的野生品種。在巴拿馬及馬拉威皆有大量種植，雖然收穫量低，但是品質高，且具有獨特的風味及香氣。巴拿馬產的藝伎種近年來在拍賣會上被高價收購，價格甚至超越藍山咖啡，備受矚目，後來在中南美洲的哥倫比亞、哥斯大黎加及瓜地馬拉等地也紛紛開始種植。

藝伎種起源自衣索比亞，屬於非常珍貴的野生品種，而藝伎這個名稱據說是因為在名為「藝伎」

這座城鎮附近被發現而由此命名。耐鐮胞菌（土壤真菌），咖啡樹高度高且具有細長狀的葉片。特徵為從枝幹生長出來的側枝與側枝之間的間隔大，生豆為長果種。杯測品質優異，具有微微的花香及莓果類與柑橘類的風味。20～30年前在牙買加似乎種植了相當多的藝伎種，但是現在僅殘存少量。而在馬拉威所種植的藝伎種，則是M.A. Siddiqui博士為了研究土壤真菌所使用的品種，稱作藝伎56。其葉片呈現黃色，葉片邊緣帶波浪狀，咖啡豆體積較小。即便為相同的藝伎種，但與巴拿馬藝伎種風味有別。

### ◆紅卡杜艾種 Red Catuai

於1949年將新世界種及卡杜拉種進行交配後研發出來，生產效率非常優異的品種。特徵為較其他咖啡樹的高度低，從第一個枝幹開始會以銳角往旁邊延伸出枝幹。咖啡櫻桃不容易從枝幹掉落，因此適合種植在強風及大雨的地區，且需要充足的肥料及照顧。生豆尺寸平均為篩網尺寸16。風味近似波旁種，同樣為巴西的主力品種之一。紅色種子的咖啡為紅卡杜艾種 Red Catuai，黃色種子的咖啡為黃卡杜艾種 Yellow Catuai。

### ◆伊卡圖種 Icatu

將阿拉比卡種與羅布斯塔種交配而成的品種，再與新世界種進行交配，接下來再將交配後的品種與卡杜艾種交配而成的品種。生命力強，具有耐咖啡葉鏽病及乾旱的抵抗力。紅色種子與黃子種子會同時在同一顆咖啡樹上結果，樹木會長得很高，側枝則會長得比阿凱亞種長，所以由上方觀察會感覺直徑變大。完全成熟的時間較一般咖啡樹慢，生豆尺寸平均為篩網尺寸17，一般認為此品種適合用於濃縮咖啡。紅色種子的咖啡為紅伊卡圖種 Red Icatu，黃色種子的咖啡為黃伊卡圖種 Yellow Icatu。

### ◆象豆種 Maragogype

於1870年在巴西巴伊亞州的 Maragogype 這座城鎮被發現，為鐵比卡種的突變種。特徵為樹木體型龐大，樹木高度較波旁種或鐵比卡種高，且種子很大顆，但是生產效率低，適合種植於標高600～760公尺的地方。杯測品質不具有明顯的特色，風味較外觀清爽，且具有雅緻的風味。

◆帕卡瑪拉種 Pacamara

於1950年在薩爾瓦多所發現的帕卡斯種與象豆種交配而成的品種。特徵為樹木高度很高，從枝幹長出來的側枝與側枝的間隔比帕卡斯種寬。具有深綠色且邊緣呈波浪狀的葉片，適合種植於標高900～1500公尺的地方。收穫量雖然沒那麼高，但是種植地標高愈高的話品質也會變得愈好，可是種植量就會變少。在薩爾瓦多、宏都拉斯、尼加拉瓜、瓜地馬拉等地皆有種植。也有黃帕卡瑪拉種，其種子較大，且具有輕淡的酸味及甜味。

◆帕卡斯種 Pacas

於1956年，在薩爾瓦多的生產者艾伯特．帕卡斯的莊園裡所發現的波旁種突變種。生豆尺寸小，從枝幹長出的側枝與側枝間的間隔狹小，擁有寬度很寬的葉片，收穫量高。咖啡櫻桃短時間就會完全成熟，並從枝幹長出許多側枝，所以外觀看起來十分結實。適合於低地種植，且耐乾旱，也能適應砂子較多的土壤。種植地的標高愈高，其品質也會愈好。

**◆Hibrido de Timor**

自然變成四倍體化的羅布斯塔種與阿拉比卡種的雜交種。有時也會僅以 Timor 來稱呼。抗病且大多種植於東帝汶。

**◆阿拉布斯塔種 Arabusta**

阿拉比卡種與經人工變成四倍體化（＊1）的羅布斯塔種交配而成的品種。特色可說位在兩者中間，缺點是收穫量少。

＊1　意指染色體達基本數目四倍之多的個體。將一般的植物體（二倍體）施加人工處理所形成。

**◆卡帝莫種 Catimor**

Hibrido de Timor 與卡杜拉種交配而成的品種，收穫量非常多，且極為耐病，但在風味方面總會讓人品嚐到雜味。

**◆卡帝莫卡斯提歐種 CatimorCastillo**

於哥倫比亞自２００５年開始所推出的特殊產線卡帝莫種，在哥倫比亞廣泛種植，但是酸味強且會品嚐到雜味。

**◆變種哥倫比亞種 VariedaColombia**

從新將卡帝莫種與卡杜拉種進行交配（將雜種與原始品種交配），更接近阿拉比卡種的性質。特徵為收穫量非常高，也很耐病蟲害。與其他雜交種相較之下更為優質，但在味覺方面的評價卻比鐵比卡種差。為現在哥倫比亞的主力品種之一。

**◆莎奇摩種 Sarchimor**

薇拉沙奇種（Villa Sarchi）與 Hibrido de Timor 交配所形成的變種。

**◆塔比種 Tupi**

Hibrido de Timor 與莎奇摩種交配而成的品種。

## ◆ Obatan

莎奇摩種與卡杜艾種交配而成的品種。

## ◆ SL28

1931年從坦干伊加北部（現在的坦尚尼亞乞力馬扎羅區附近）的青銅色尖形波旁種（嫩葉為青銅色）挑選而出，後來經研究開發成「坦干伊加的耐乾品種」。1935年被Scott Laboratories（當時在肯亞研究咖啡的機關）發現後加以繁殖。SL為Scott Laboratories開頭的第一個英文字。編號則是將各式品質依各自的特徵依序編碼而成，此品種的28號代表收穫量佳，也極耐乾旱，適合種植於高地。特徵為杯測品質佳，葉片寬廣且嫩葉泛紅色，已成為肯亞廣泛種植的品種。

**咖啡種子的構造**

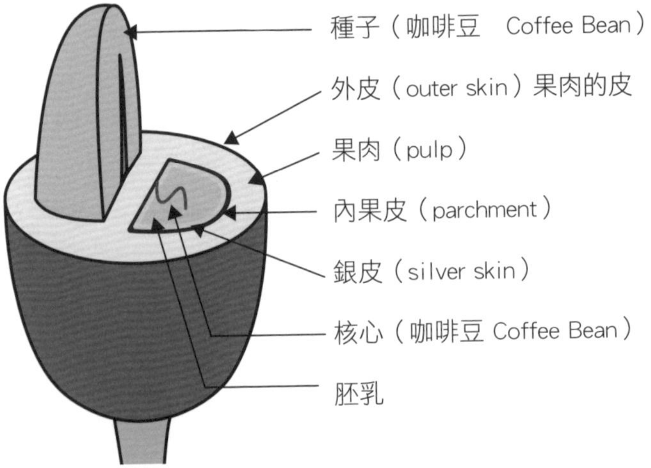


參考資料 WATARU 股份有限公司

# 咖啡品種表

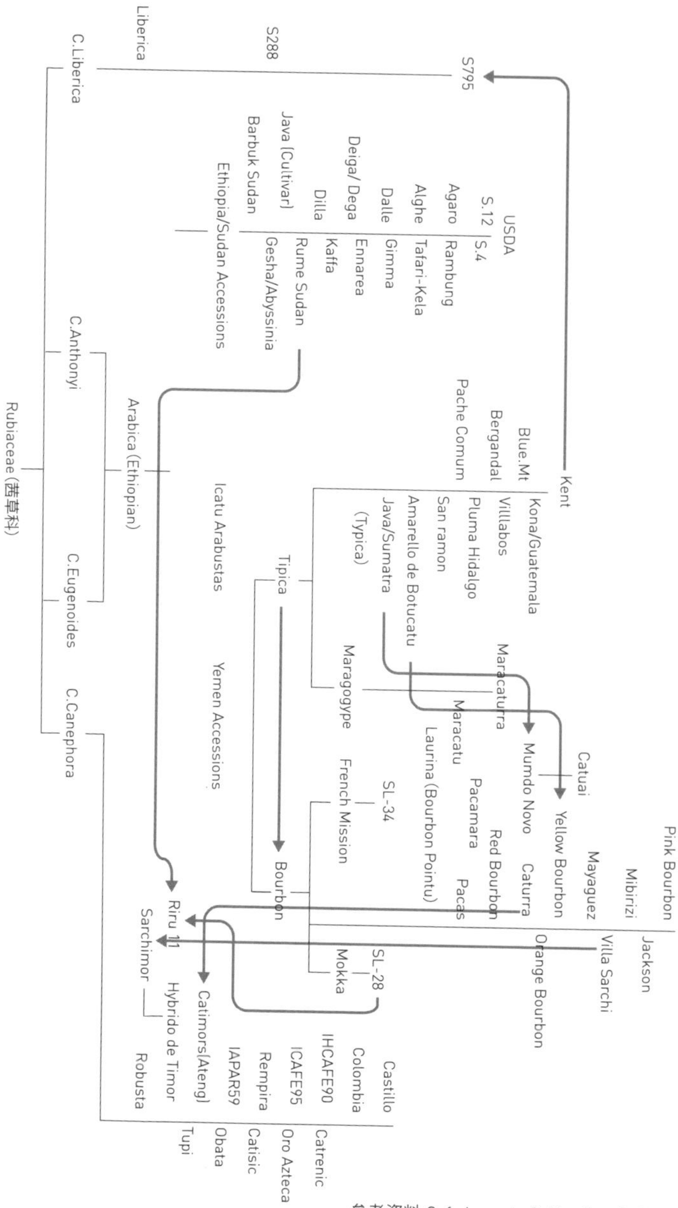


參考資料 Cafe Imports Coffee Family Tree

IV

# 咖啡豆的精製方法

咖啡豆在採收後經過精製及乾燥工序後才會裝袋，然後配送至各國。精製方法大致上分成水洗式（Washed）及自然乾燥式（Unwashed or Natural）2種。

## ——水洗式（Washed）

將咖啡果實放入果肉去除機中，剝除外皮及果肉後，再浸泡在水中半天～1天左右（有些精製廠不會浸泡在水中）。附著在咖啡豆上的黏液經過一段時間後會自然發酵，而經由這道工序用水清洗咖啡豆後，就能將黏液洗掉。接下來再經由日曬乾燥及機械乾燥（一般都會搭配上述二種乾燥方式）後，就會變成薄外殼中內含1顆生豆的連殼豆。將這個外殼剝除後，就是目前流通的咖啡生豆。手洗式雖然費時費力，但在過程中可在某種程度去除未熟或過熟的果實（咖啡豆）。世界上大部分的國家一般都是採行這套生產處理模式，所呈現的酸味比較沒有特殊氣味。

有關於自然發酵的工序部分，也有未經發酵而藉由機械去除黏液的作法，有時會將有經由發酵工序的產品稱作全水洗式（Fully Washed），將經由機械去除黏液的產品稱作半洗水式（Pulped and Demuci Laged 或 Semi Washed）以作區別。

印尼阿拉比卡種所使用的「蘇門答臘式」，其工序則與水洗式一樣，都會用水進行清洗，並在乾燥之前將內果皮的外殼去除，接著以生豆的狀態進行乾燥。使原本需要1～2週時間乾燥的水洗式咖啡，也能在短短3天左右完成乾燥。

因為乾燥前生豆非常柔軟，所以在乾燥期間變扁的咖啡豆會增加，變成特殊的深綠色，風味也會帶有獨特的香氣及苦味。像這樣即便使用了相同的咖啡櫻桃，一旦生產處理手法改變的話，咖啡風味也將大大不同。

### ——日曬法（Unwashed or Natural）

將收成後的咖啡果實直接進行乾燥的作法。巴西、衣索比亞及葉門一般都是採行這種方法，相較於水洗式作法更為簡單，但是乾燥天數會拉長，且須將乾燥後的果實加以脫殼後再取出咖啡豆，不過這種自然乾燥式的咖啡會具有獨特的香氣及甜味。

帶果漿日曬（Pulped Natural）這種製程則是將咖啡的果實放入果肉去除機中，將外皮及果肉剝除後保留黏液，然後直接進入乾燥工序。黏液雖然容易損傷，但是透過這種乾燥方式可使咖啡豆的甜味優於一般的水洗式咖啡。中美洲將黏液稱作miel（音譯），此外蜂蜜也會用miel來稱呼，所以有人也會將帶果漿日曬後的咖啡豆稱作蜜處理咖啡。只是與水洗式及自然乾燥式相較之下，帶果漿日曬咖啡的流通量並不大。

另外還有將黏液100%保留下來加以乾燥的作法，以及透過機械將某種程度的黏液去除後再加以乾燥的作法，有時會分別取名作紅蜜咖啡、黃蜜咖啡等名稱。

### 【補充】咖啡豆的挑選

在產地會藉由各式機械或人工挑選咖啡豆，尤其在自然乾燥式的製程中，挑選咖啡豆為關鍵工序。一般會透過風力選豆機、篩網選豆機、比重選豆機、電子選豆機、手工挑豆等方式來進行。

# V 各國對於咖啡的稱呼方式

在東方大家都很熟悉咖啡（coffee）這個名詞，但在世界各國的語言又是如何稱呼呢？

有一說是咖啡的語源來自於衣索比亞發音為「卡發」的這個地名，另外也有人說起源自阿拉伯語用來稱呼咖啡的「卡夫瓦」，目前似乎仍未有定論。

最近我在搭乘中國的飛機時，用日文說了「咖啡」二字，沒想到空服員竟然二話不說給了我可樂，接著我又試著用中文發音說了「咖啡」二字後，對方才端了咖啡給我。看來每個國家對於咖啡的發音皆有微妙不同，所以說無論是語言或是咖啡都十分耐人尋味呢！

本書將為大家介紹一部分與咖啡關係匪淺的語言。

## 各國對於咖啡的稱呼方式

| | |
|---|---|
| 英語　coffee | 立陶宛語　kava |
| 德語　Kaffee | 斯瓦希里語　kahawa |
| 法語　café | 羅馬尼亞語　cafea |
| 義大利語　caffé | 土耳其語　kahve |
| 阿拉伯語　قهوة | 蒙古語　kofe |
| 西班牙語　café | 丹麥語　kaffe |
| 荷蘭語　café | 挪威語　kaffe |
| 俄語　кофе | 瑞典語　kaffe |
| 中文　咖啡 | 芬蘭語　kahvi |
| 韓語　커피 | 希臘語　Καφές |
| 印尼語　Kopi | 葡萄牙語　café |
| 他加祿語　kape | 夏威夷語　kope |

本章內容承蒙ATAKA TRADING股份有限公司與WATARU股份有限公司之大力協助，由衷感謝！

八

# 自家咖啡烘焙店的設立

接下來要依據實際個案，為大家針對開店準備至步上軌道這一連串過程提出建議。一般讀者可以顧客的角度參閱本章內容。

我想各位讀者都是對咖啡烘焙抱持很大興趣及關注，因此才會參閱本書，當中應該也有人夢想著「總有一天要開設一家自家咖啡烘焙店」。本書除了分享我如何經營一家店，以及咖啡烘焙的輔導經驗外，也會舉出日本各地自家咖啡烘焙店與咖啡廳的實際個案，為大家彙整從開店準備至步上軌道這整個過程的相關建議。自我正式指導咖啡豆的烘焙開始，已有很長一段歲月，我深深覺得做生意的基本觀念都是一樣的。一般讀者不妨用顧客的角度來參閱本章內容，另外已經身為老闆的讀者，則能用其中考核的角度來閱讀此一章節。

## I 自家咖啡烘焙店屬於產品零售業

經營自家咖啡烘焙店，會被定位成從事銷售咖啡（豆）的工作，也就是零售業。若以這個前提切入思考的話，我想就能理解如何才能成為專家了。

店裡頭有購買商品與銷售商品的人，也就是所謂的面對面銷售。若要說得直白一點，就是有付錢交換咖啡豆的顧客，以及收錢的店員。乍看之下生意似乎到此就算結束了，但事實上從顧客來店前至回家後，仍會運用到銷售的技巧。

- 店鋪外觀須用心設計，使路過店門口的客人會想走進店裡。
- 用自然的態度與進入店內的客人打招呼，使客人覺得這是一家可以隨易逛逛的商店。
- 店員須認定自己是名擁有專業知識的服務人員，為客人尋找滿意的商品。
- 讓客人對自己挑選的商品感到滿意，並且充滿期待地付錢再開心離去。
- 客人在家品嚐咖啡時發現店員推薦購買的咖啡迎合自己的喜好，對這家店抱持良好印象。
- 咖啡快要喝完時又會想要再度光臨這家店，也會對友人稱讚咖啡很好喝。

身為零售業，當你收了多少錢，就得提供與價格對等的商品，同時也應讓客人感到喜悅、安心、舒暢、期待、滿足。開設自家咖啡烘焙店的人，首先必須使咖啡物有所值。當然為使客人內心感到滿意，店裡的氣氛也必須重視。高品質的服務態度、悅耳宜人的音樂、讓客人興致勃勃挑選商品的陳列方式，還有身為咖啡專門店必須具備的豐富品項等等，如能重視每一個環節，用個人獨特風格經營一家店，使客人度過幸福時光的話，將能獲得該地區顧客的絕對信賴。

有關於這一點，我想要談談另一個話題。

最近報紙及電視上都在流傳一項消息，兩家外資大型連鎖店預計開設店內會設置大型烘焙機及烘焙所的新型態咖啡廳。原本這些概念理應由自家烘焙的店家積極導入，因為在店內客人目光所及之處設置烘焙機的話，便可直接傳達自家烘焙店的魅力所在。小型烘焙機有別於外資連鎖店推行的巨大烘焙機，比較不會令人有距離感，也算是一種真實傳遞專家手工溫度的大好良機。各廠牌的烘焙機皆有其獨創的美麗外觀，所以擺在任何一家店裡都會令人感覺有別以往。

在進行烘焙的過程中，烘焙機與生豆一樣都是最為重要的一個環節，同時若以銷售者的角度來看的話，這可說是僅有自家烘焙業者才有的特權。當然誠如第三章所述，換氣及光源等部分也要特別留意。烘焙機並非玩具，所以擺在客人無法碰觸得到的位置即可。烘焙時只要達到視覺面的需求，就能達到吸睛效果，客人將出乎意料地興致勃勃。舉例來說，便會由一家人以及愛好汽車、機械的客人，稱讚我所製造的GRN烘焙機紅色機身十分美麗，備受大家歡迎。小孩子看見了也很開心，這對我是最大的鼓勵。各位讀者應該也會覺得很贊同吧？

使用烘焙機時應隨時保持清潔，讓客人在視覺上感到享受，這一點可說是我們自家烘焙業者獨有的銷售武器。

# II 選擇地點的注意事項

開始經營一家店的時候，最為重要且最困難的一件事就是選擇地點。如果要在市區開店，地點最好要靠近車站，但是租金較高；反觀地點若是遠離車站的話，人潮就會變少，無論選擇哪一個地點都有其煩惱。假使是在鄉下地方的郊外開店的話，應選擇面向主要道路，商店也較為集中的地點，還需具備可停放幾台車的停車場。

居住在周遭的人們生活水準愈高，相對地租就會變貴，但是較為有利。通常大家會在充分考量這些層面之後再找尋店面，但事實上還是存在著許多意想不到的問題點。哪怕是第一眼看起來不錯的地點，當店鋪開幕後，有時營業額並無法如預期攀升；也有在毫無特別期待之下開設的店鋪，有時卻意外地生意興隆。挑選地點真的很困難，如能在熟知地理環境的地方尋找店面，我覺得會比較容易判斷出哪個地點比較適合開店。

總歸一句話，我認為最重要的是你喜不喜歡這片土地。

我的店鋪搬過好幾次家，每個地點都是因為我喜歡才會搬到那裡去，所以會積極地融入當地，在這期間也受到了當地人民的歡迎與當地的眷顧。以我現在居住的輕井澤為例，不出所料地在輕井澤高知名度的加持下，儘管我完全沒有推銷生意，但還是得以透過大型網購公司銷售咖啡，也接到了大型超商中元與年終的合作計畫，還在中型超商推出 KAWAN RUMOR 品牌的罐裝咖啡。

另一方面，我也發現有些同業在稍有名氣後，隨著訂單的增加，於是專注留意成本的管控而導致味道有變，如果是將顧客擺在第一位的話，根本不應該發生這種事情。在堅守風味及品質此一大前提下，我在輕井澤這片土地用力紮根，自然在當地獲得許多店家主動提出合作邀約。

今後我仍會秉持顧客至上的信念，這也是我最想要告訴大家的一件事。

# III 成功創業的必要條件

## ——開店前都是關鍵

諸如「退休後我要展開我的第二人生」、「提早從公司退休後，我還是夢想開間自家烘焙店」、「我想從事與咖啡有關的工作」、「找不到工作，因此想自己創業做喜歡的工作」等各式各樣的理由，很多人都想要開一家自家咖啡烘焙店。首先我想請大家看清一點事實，就是絕對不要小看這個業界的現實面。無論哪一個行業皆是如此，正如本書一開始所提到一樣，具備身為一名咖啡專家應有的技能為一大前提。

當你的自家咖啡烘焙店在開幕之際，經宣傳後或許有時會有許多客人造訪，店鋪周邊喜好咖啡的人可能也會來店光顧。假使在這個難得的機會下，客人買到的咖啡很好喝的話，可能就會成為你店裡的重要客人，如果客人不滿意的話，日後恐不會再來店光顧了。

為了避免一開始便出師不利，所以必須好好地學習咖啡所有相關知識與烘焙技術。

## ——有計畫地執行銷售活動，盡快增加客戶人數

新開一家店時，大部分的人都還不知道這家店的存在，因此首先必須積極作宣傳，讓更多人知道這家店的存在，所以銷售活動勢在必行。凡事首重第一步的行動。經由周全的銷售活動及宣傳後，通常在幾年後顧客數就會出現極大差異。銷售活動百百種，倘若客源主要來自當地，一般都會利用發放傳單的方式，雖然如今已是網路社會，但是反過來說發放傳單或許效果最佳。建議大家可在剛開幕時發放傳單，還有至少在每年1次的折扣季，也就是在10月時也應發放傳單。另外還有一些宣傳方式，比方說將傳單或商店名片擺在附近的店家，以及將傳單投到鄰近人家的郵筒裡。顧客數首先須以1000人為目標，並設定其中有50％，也就是500人會成為回頭客。當然這個顧客回頭率是以咖啡好喝為原則，當回頭客每月購買300g咖啡，每100g的單價為550圓的話，營業額就會達到82500圓。切記須像這樣將明確的數字目標訂出來，然後努力工作以期盡快達成目標。有些銷售活動不需要花費成本，例如部落格、推特及臉書等就是很有效的宣傳平台，所以建議大家積極運用。只是這些社交網站原本的目的並非用來宣傳，所以頻繁地擺明在打廣告的話，有時反而會令人反感，最好應以自然而然的方式

引人注意。

## ——明定商品概念與形象，創造商店品牌

展開一家店，需要訂出明確的概念。比方說在這家店所販售的商品具有什麼賣點，或是想傳達給顧客什麼重點，還有這家店秉持著什麼理想，以及你是以什麼態度在經營這家店。這些概念對於你來說，將成為經營的一貫原則。最好將這些概念白紙黑字寫下來貼在牆壁上，並且隨時作修正。

當一家店的概念明定出來之後，自然就能形塑出該店的品牌。生意興隆的店家通常有它無數優異的經營技巧，諸如商品品質卓越、包裝設計、優秀的待客技巧、企畫能力、宣傳能力、價格、獨創性、店內氣氛等等，肯定具備好幾項優勢。舉例來說，如果店內氣氛與待客技巧優異的話，光憑這二點就可能使這家店生意興隆。以自家咖啡烘焙店為例，首先須重視咖啡的品質，其次還不能欠缺咖啡服務人員應有的豐富知識及待客技巧。其他還應在命名、商品種類、氣氛、店鋪、裝潢等方面下工夫，營造出這家店特有且辨識度高的個性，如此才能形塑出這家店的品

牌。只要品牌一確立，顧客就會認為這家店具有極大魅力，更可與其他店家作區隔。

## ——贈品策略可有效提升營業額及客戶人數

自家咖啡烘焙店所販售的咖啡豆，絕大多數都是一般家庭在消費。大家如果到和菓子店去觀察便可明瞭，買和菓子當伴手禮或禮品的人，其數量壓倒性地超出平時買和菓子回家吃的人。事實上咖啡也具有相同用途，咖啡在百貨公司的中元節及年終送禮時，總是排行前幾名。許多人並不會購買大品牌的咖啡，而會購買自己喜愛的美味咖啡作為伴手禮及禮品，這種潛在需求出乎意料地多。即便為小型店家，也能靠巧思推出伴手禮或禮品作為商品，而且在祝賀友人、情人節、母親節、父親節、中元節、生日、年終、新年等節日，一年到頭都有其需求性。用心推出的禮品可提升營業額，當對方收到好喝的咖啡禮品時，也能形成口耳相傳的宣傳功效。

## ——同步進行店面銷售與網路銷售

開幕經過一段時間後，隨著顧客的增加，將在口耳相傳下使得來客數愈來愈多。諸如耳聞風評不錯的人，以及搬家的老客人等等，遠道而來的訂單也會逐漸增加。因此為了因應這樣的需求，最有效的方式就是宅配。只要能透過電話、傳真、電子郵件或網路接單，即可回應來自全國各地的顧客期待。例如前來旅行或兜風的客人，以及曾收過咖啡禮品的客人，當他們曾經品嚐過我店裡的咖啡感覺很好喝，日後便可透過網路宅配的方式購買咖啡豆。

## ——批發銷售與大量折扣

自家咖啡烘焙店在考量咖啡的需求時，須同時著眼於零售及批發。因為包括零售店、餐廳、辦公室，渴望美味咖啡的潛在性市場並不在少數。如要從事批發的話，建議事先決定統一的批發價格。例如交易金額大、交易金額小、辦公室等顧客，皆須事先設定好適用大量訂購的價格與是否需要運費。這樣一來，就不必老是在交涉價格，也能保持該店秉持的概念，不必浪費多餘勞力。

在批發方面也有一些注意事項。當對方在談生意時若提出砍價要求，須拿出勇氣加以回絕。

即便能談成一筆大生意，但是當成本降低時，也會連帶影響風味。這樣一來，將導致這家店的評價一落千丈。

## ——風味與價格多樣化的必要性

客人的嗜好都不一樣，要求也是百百種，例如「具有迷人酸味的咖啡豆是哪一種」、「我喜歡不沈重，具清爽風味的咖啡豆……」、「我重視平衡度好不好」、「我最喜歡醇厚度佳的咖啡」、「還是帶苦味的咖啡最得我心」等等。我們是身為擁有豐富知識的咖啡服務人員，必須為客人推薦迎合嗜好的咖啡種類，而且應讓所有的咖啡都能達到客人滿意的味道。

有些客人預算有限，有些客人對於價格有一定的堅持，更有客人要求較為高級的咖啡。身為咖啡專家，最重要的就是實現客人如此五花八門的需求。

對於顧客來說，多樣化的風味以及價格非常重要，此時須做到風味及價格的整合。各位讀者應該都知道，不管咖啡豆價格多昂貴，一旦烘焙得不好，味道及價格的整合結果將會變得不理想，而無法滿足客人的需求。

## ——人氣店家與慘澹店家的差異

不管是哪一種行業，以客觀的角度來看，生意興隆的店家與生意不好的店家往往具有相當多的差異性。次頁表格就是依據我實際經手，或是參觀過眾多店家後的實際例子，這屬於整體銷售的基本常識，建議大家充分學習後加以實踐。

| 受歡迎的店家 | 不受歡迎的店家 |
|---|---|
| 店內明亮可輕鬆入內 | 店內昏暗讓人不敢入內 |
| 店員開朗有活力 | 店員陰沈沒有活力 |
| 準時營業 | 常臨時休息，營業時間不一定 |
| 不管多晚都會仔細打掃感覺很乾淨 | 看起來好像不常打掃 |
| 玻璃窗總是光亮清潔 | 玻璃窗總是霧霧的 |
| 會在商品的更換及陳列上用心變化 | 相同商品的陳列總是一成不變 |
| 地板總是乾淨又有光澤 | 地板完全沒有光澤 |
| 照明感覺很溫暖 | 有許多日光燈（偏白） |
| 可以馬上理解該店在推銷的商品 | 十分雜亂，看不懂想賣什麼商品 |
| 早上會打掃店門口 | 早上不會打掃店門口 |
| 與鄰居相處和睦 | 不太與鄰居來往 |
| 鄰居經常光臨 | 鄰居不常光臨 |
| 看起來聲望不錯 | 看起來很窮酸 |
| 不在背後談論他人是非或說壞話 | 常在背後談論他人是非 |
| 與業者相處和睦 | 對待業者態度草率 |
| 走在街上常有人來打招呼 | 走在街上也不會有人來打招呼 |
| 經常有人打電話來 | 不常有人打電話來 |
| 工作人員總是很忙碌 | 工作人員總是很閒的樣子 |
| 許多客人都是笑瞇瞇地走進店裡 | 許多客人都是繃著臉走進店裡 |
| 客人與店家的立場是對等的 | 常被客人瞧不起 |
| 即便客人提出客訴還是會再次光臨 | 客人不會提出客訴，之後便再也不來光顧了 |
| 沒有缺貨商品，或是缺貨商品很少 | 常有缺貨商品 |
| 價格經修正後會固定下來 | 廉價商品十分顯眼 |
| 很多客人一次就會購買大筆金額 | 很多客人一次購買的金額並不多 |
| 回頭客多 | 回頭客少 |
| 很多客人會在口耳相傳下前來 | 沒有客人會在口耳相傳下前來 |
| 沒有不良庫存品 | 很多不良庫存品 |
| 經常視察其他店家不斷做功課 | 不會視察其他店家 |
| 老闆精通財報數字 | 老闆不關心財報數字 |
| 與銀行往來關係良好 | 只會使用銀行的 ATM |
| 工作人員常會在自己休假時來店光顧 | 工作人員不曾在自己休假時來店光顧 |
| 店裡的陳列具季節感 | 店裡的陳列不具季節感 |
| 所張貼的 POP 對客人具有宣傳效果 | 雖有張貼 POP，但在製作上不太用心 |
| 不會減價銷售 | 頻繁舉行促銷活動 |
| 顧客管理做得很好 | 沒有進行顧客管理 |
| 用心開發新商品 | 不曾想過要開發新商品 |
| 熱愛所處的社區 | 不太喜歡所處的社區 |
| 夫妻感情非常好 | 夫妻感情說不上很好 |

## ——做生意的原點在於款待客人的心

做生意簡單來說，就是販賣物品賺取金錢。但是用專業的說法來表現的話，做生意的原點是擁有一顆款待顧客的心。在顧客購買物品這一連串的行為當中，他們對於前往商店、挑選商品，以及與人接觸談話等各方面都會充滿期待。當然有些客人表面上不會流漏出任何情緒，但是反過來這種客人往往會仔細觀察這家店。我們收下客人付的錢後，相對地在接待客人時切記應使對方盡量感到滿意。隨時站在客人的角度思考，常以款待之心招呼客人的話，總有一天能夠贏得客人的完全信賴。無論你在販售的商品有多優秀，缺少一顆款待之心，生意是不會做得好的。

## ——經常客觀地自我檢視

仔細觀察自家咖啡烘焙的店家就能發現，以個人喜好為取向的店家出乎意料地多。舉例來說，因為老闆喜歡淺烘焙帶強烈酸味的咖啡，於是有些店裡頭只販賣淺烘焙的咖啡。還有一些店家因為擺放許多種類的咖啡相當費時耗力，於是僅擺出少數幾種咖啡。更有店家宣稱「店裡的咖啡很好喝」，因而擺出一付高姿態。客觀地觀察這類店家後，可發現他們反而都是烘焙技術不熟練又缺乏經驗，且不具備專家應有的知識。我認為他們僅以自己的方便為優先考量，完全沒在為客戶著想。

另外，有些店家開了幾年之後，便容易忘記初衷。每一個人都會將內心的軟弱面隱藏起來。在每天做生意的期間，漸漸地沈浸於自我感覺良好，或是選擇輕鬆的作法來完成工作，維持一成不變的生活而不願付出努力。使自己在不知不覺中，蹉跎了歲月。

為了避免落入這等局面，必須用冷靜的角度來檢視自己。隨時俯瞰自己的所作所為，並且客觀地自我檢討，才能拋開自我及迷思，看清應該邁步前進的正確道路。

## ——身為經營者的心理建設

經營一家公司絕對不能無視數字，即便公司規模再小，還是建議大家身為一名經營者至少應掌握某些數字。請大家參閱次頁表格，這是依據實際在經營一家店鋪所產生的數據樣本製作而成，為一般個人商店的財務數字相關指標。希望能幫上大家。

| 營業額 | 店租等固定費用 | 成本 | 利潤 |
|---|---|---|---|
| 50 萬日圓 | 15 萬日圓 | 15 萬日圓 | 20 萬日圓 |
| 60 萬日圓 | 15 萬日圓 | 18 萬日圓 | 27 萬日圓 |
| 70 萬日圓 | 15 萬日圓 | 21 萬日圓 | 34 萬日圓 |
| 80 萬日圓 | 15 萬日圓 | 24 萬日圓 | 41 萬日圓 |
| 90 萬日圓 | 15 萬日圓 | 27 萬日圓 | 48 萬日圓 |
| 100 萬日圓 | 15 萬日圓 | 30 萬日圓 | 55 萬日圓 |

＊以每月營業額70萬日圓（每日營業額28,000日圓）為例，計算方式如下：

單杯咖啡的營業額400圓×20杯＝8000圓

咖啡豆的營業額100g 550圓×36個＝19800圓

一般的個人商店會面臨上方表格的數字，此時統一以成本率為30%作計算。事實上每家店的成本率都不一樣，所以請大家縝密地計算一下。一個人工作想要每個月拿到34萬圓的薪水，營業額就必須達到70萬圓（表格第4行）。假使每月須還款的貸款有7萬圓的話，當營業額為70萬圓時，薪水就會變成27萬圓，這個部分將形成損益分歧點。

如上述所示，每月營業額想要達到70萬時，除了單杯咖啡的營業額之外，一天還必須販賣3・8公斤的咖啡豆才行。想當然爾，如要達到這等營業額並非容易之事。請大家善加發揮智慧及靈感，在出現損益分歧點的月份盡快達到70萬圓的營業額吧！

# 結語

大部分參閱本書的讀者，都是十分熱愛咖啡烘焙，無法想像人生中沒有咖啡該如何活下去的人。經營咖啡烘焙店的讀者，正是因為全心投入咖啡烘焙，所以十分了解烘焙過程中會出現各種問題。當烘焙不再問題重重時，大家就能明瞭咖啡烘焙的真正樂趣了。究竟終極的咖啡烘焙指的又是什麼呢？那就是在你腦海中浮現的不再是咖啡烘焙，而是幫咖啡豆找出它最閃耀動人的一刻。首先請拋開自我意識及迷思，以無我的境界和咖啡豆對話做起。這樣一來，總有一天你自然能夠聽見咖啡跟你說希望你怎麼做。咖啡的風味也會表現出烘焙者的人格。想要烘焙出好喝的咖啡，第一步需要磨練你的心志。咖啡的烘焙修行沒有終點可言，莫忘日日精進、努力學習這二句話，並且一路登峰造極，這對我而言才是無上喜悅之事。總有一天，當你對自己的咖啡烘焙充滿自信時，你會驚訝地發現客人開始變多了。請一步一腳印地走在咖啡王道上。我會創作這本書的目的，就是希望將咖啡文化的未來交由你們這群年輕世代一肩扛起。本書獻給所有熱愛咖啡的朋友。

小野善造

**著者紹介**

## 著者 **小野善造**

輕井澤珈琲倶樂部（KAWAN RUMOR股份有限公司代表董事）
1955年出生於德島，1976年於大阪市北區開設「KAWAN RUMOR咖啡專門店」。隔年開始著手自家烘焙。1988年於兵庫縣芦屋市創立咖啡磨豆販售專門店。1993年搬遷至奈良縣奈良市，1998年搬遷至長野縣輕井澤町迄今。自2006年起正式指導專業人士以及創業者如何烘焙咖啡。此外也開始製造將個人理想具體實現的完全熱風烘焙機，並在咖啡豆種植地指導有機咖啡的種植。現在也參與國外店鋪的烘焙指導工作，並接受外國廠商委託進行商品開發。著有《終極自家烘焙術（究極の自家焙煎術）》。
KAWAN RUMOR股份有限公司　長野縣北佐久郡輕井澤町追分1541-55
http://www.kawanrumor.com/



# 烘豆學 40年烘豆心得報告書

出　　版／楓葉社文化事業有限公司
地　　址／新北市板橋區信義路163巷3號10樓
郵政劃撥／19907596 楓書坊文化出版社
網　　址／www.maplebook.com.tw
電　　話／02-2957-6096
傳　　真／02-2957-6435
翻　　譯／蔡麗蓉
審　　定／陳志煌
企劃編輯／陳依萱
總 經 銷／商流文化事業有限公司
地　　址／新北市中和區中正路752號8樓
網　　址／www.vdm.com.tw
電　　話／02-2228-8841
傳　　真／02-2228-6939
港澳經銷／泛華發行代理有限公司
定　　價／300元
初版日期／2018年3月

國家圖書館出版品預行編目資料

烘豆學 / 小野善造作；蔡麗蓉翻譯. -- 初版. -- 新北市：楓葉社文化, 2018.03　面；　公分

ISBN 978-986-370-159-0（平裝）

1. 咖啡

427.42　　106024698